誤　差　論

カール・F. ガウス

誤 差 論

飛田武幸 石川耕春 訳

紀伊國屋書店

THEORIA

COMBINATIONIS OBSERVATIONUM

ERRORIBUS MINIMIS OBNOXIAE

PARS PRIOR

AUCTORE

CAROLO FRIDERICO GAUSS

SOCIETATI REGIAE SCIENTIARUM EXHIBITA 1821. FEBR. 15.

Commentationes societatis regiae scientiarum Gottingensis recentiores. Vol. V.
Gottingae MDCCCXXIII.

ガウス全集第 IV 巻の 1 ページ．誤差論はここから始まる．

26歳のガウス．この頃からパラスの軌道要素の研究を始めた．

ガウスが使用したといわれる天体望遠鏡で，現在ゲッチンゲン天文台に保管されている．

ガウスが台長を務めたゲッチンゲン天文台（1978年写）．

目　次

　　読者のために　　6

Ⅰ　誤差を最小にする観測の組合せ理論 ……………………7
Ⅱ　誤差を最小にする観測の組合せ理論・補遺 ……………55
Ⅲ　円錐曲線で太陽のまわりを回る天体の運動理論 ………92
Ⅳ　Pallas の軌道要素についての研究 ……………………114
Ⅴ　観測の精密さの決定 ……………………………………128
Ⅵ　確率計算の実用的幾何の問題への応用 ………………137
Ⅶ　クロノメーターによる経度の決定 ……………………143
Ⅷ　Ramsden 式天頂儀による観測から Göttingen と
　　Altona の天文台の間の緯度差を決定すること ………150
　　序　論　　150
　　1　観測された星　　152
　　2　観測　　153
　　3　緯度差に関する結果　　159
　　4　Seeberg 天文台の緯度決定　　178

　　訳者あとがき　　183

読者のために

　本書は C.F. Gauss の論文のうち，誤差論に関するものとそれに関連した数篇の論文等の翻訳である．

　ここに述べるまでもなく，偉大な科学者 Gauss による著作は，どの部分をとりあげてもパイオニアとしてのアイディアと提言に満ちており，幾星霜を経た今日においても示唆に富むところが多い．特に誤差論についていえば，彼は，観測誤差のように，偶然によっておこる現象までもそれを支配する数学的法則が根底にあることを見出し，それを開拓する科学的態度を飾るところなく示している．

　そのような意味において，ここに訳したものは，科学史の一つではなく，いつの時代にもお手本となる，創造する科学者の姿の紹介に他ならない．

訳　　者

I 誤差を最小にする観測の組合せ理論

第 1 部

1

　観測は知覚的に得られたものを数量化する手段であるが，どんなに注意深く行ったとしても，つねに多少の誤差を含むのはやむをえないだろう．観測の誤差は一般に単一ではなく，同時に発生する多くの原因によっておこるものである．それらの原因は二つの種類に分けられ，両者は正確に区別されなくてはならない．すなわちある種類の誤差の原因は，それぞれの観測への影響が，観測自身とは本質的な関係なしに変化する諸状況に依存するという性質をもっている．こういった誤差は**不規則的**である，あるいは**偶発的**であると呼ばれる．我我の感覚の不完全さから発生する誤差，たとえば空気の層によって生ずる視覚の不確かさのように不規則な外的原因に左右されるようなものもこの種類に属している．またどんなにすぐれた器具にもそれ自身に附随する不完全さ，たとえば水準器や絶対的な堅さをもつ圧縮機の内壁の非均一性等々も多くここに数えあげられる．一方，他の種類の誤差の原因は，同種の観測ならいつでも完全に一定の影響を与えるか，あるいはその影響の大きさが適当に定まった方法で観測と本質的に結びついた状況のみに左右されるような性質をもつものである．こういった誤差は**定数的**である，あるいは**規則的**であると呼ばれる．

　ところでこの区別はある程度相対的なものであり，我々が観測についてその**概念**をより広い意味で同じ種類のものとみなすか，あるいはもっと狭い意味で同種のものとみなすかによって左右されることは明らかである．たとえば角度を測るに際し，もし何回か繰り返される同一の角の測定を問題とするとき，いつも同じ欠陥のある目盛で行うならば，器具の目盛の不規則的誤差がある定数誤差をひきおこすであろう．これに反して，何等かの方法で種々の大きさの角を測ろうとするとき，大きさに応じた誤差を示す表が与えられていない場合には，同じ原因から生じた誤差でも偶発的であるとみなすことができる．

2

　規則的誤差の考察は我々の研究からはっきりと除外されるべきである．すなわち，定数誤差を生み出すすべての原因を念入りに捜し出すこと，およびそれらの原因を取り除くかあるいは少なくともそれらの効果と大きさをきちんと調べ，それによる個々の観測への影響を確かめ，そしてあたかも誤差が全く存在しなかったように修正することは観測者の仕事である．

　ところが，不規則的誤差の本質はこれとは完全に異なるものである．それはその性質上計算によって左右されることはない．したがって観測においてはこれをやむをえないこととするが，組合せをうまく行って，それの観測から導かれる量への影響をできるだけ弱めなければならない．以下はこの重要な課題の研究にあてる．

3

　ある一定の単一な原因から生じる誤差で，同一種類の観測によるものは，その性質上一定の**限界**内におさまっている．この限界は，もし原因自体の性質が**完全に**わかっていれば，たしかに正確に与えることができるものである．偶発的誤差の原因の多くは次のような性質をもっている．すなわち，連続性の法則により，それらの限界内にある誤差はすべておこりうる可能性のあるものとみなすべきである．また，そのような誤差の原因がどのようなものであるかがはっきりすれば，すべてこれらの誤差が同程度におこるとみなすことができるか否かがわかる．そして後の場合にはそれぞれの誤差に，ある大きさの相対確率が与えられるべきである．同様なことが多くの単一な誤差を寄せ集めたものに関してもあてはまる．すなわち，それは一定の除界内におさまる．（その限界の一方はすべての部分限界の上端の和に等しく，他方は下端の和に等しい．）この限界の間のどの誤差も，それ自身多かれ少なかれ可能性のある部分誤差の合成によってそれぞれ無数に多くの異なった方法で作りうるから，たしかにおこりうるものである．そこで，あるものにはより大きい頻度が，また他のものにはより小さい頻度が対応することになるだろう．そして，単一な誤差の法則はどれも既知であるという仮定のもとでは，すべての組合せを考えるときの解析的な困難さはあるにもせよ，相対確率の法則がつくられることになるであろう．

たしかに，連続性の法則に従わず単に離散的誤差のみを生み出す種類の誤差原因もある．たとえば（もしさらに，これも偶発的誤差に算えあげたいならば，）器具の目盛誤差のようなものである．なぜならば，目盛の数はそれぞれ定まった器具では有限であるからである．しかしそのことは，もしある一部の誤差原因のみが離散的誤差を生み出すだけならば，明らかに無視できることである．それは次のような理由による．いますべての起りうる離散的誤差をその大きさに従って並べてみよう．そのとき，この列の互いに隣り合う二つの項の間の差の一つまたはそれ以上が連続誤差のみからなる総誤差の限界の差よりも大きくなるような場合が生じたとすれば，すべての起りうる誤差の全体は連続の法則に従う列になるかあるいはその種の列が離れていくつかできることになる．実際には，この目盛が何かひどい誤差でもなければ，後の場合はほとんど現れたことはない．

4

ある特定の観測をいくつか行ったときに生ずる総誤差 x の相対頻度を $\varphi(x)$ で表わすならば，誤差の連続性により，誤差が限りなく狭い区間 x と $x+dx$ の間にある確率は $\varphi(x)dx$ とおくべきであろう．実際には，この関数を先験的に与えることはほとんど不可能であるが，それにもかかわらず以下に示すように誤差に共通した多くの特性が確認される．明らかに関数 $\varphi(x)$ は，おこりうる誤差の限界の外にあるすべての x の値に対して 0 とするから，定義域有限とみなされる．しかしこの限界の内ならば，それは（前節の終りに述べた場合は別として）どこでもある正の値をとる．多くの場合，絶対値が同じなら正と負の誤差は同じ頻度で現われるとみなされるから $\varphi(-x)=\varphi(x)$ となる．小さな誤差ほど大きな誤差よりも生じ易いから，一般に $\varphi(x)$ は $x=0$ のとき最大の値をとり，そして x の絶対値が大きくなるにつれて減少し続ける．

一般に $x=a$ から $x=b$ までの積分 $\int\varphi(x)dx$ の値は，何かある未知の誤差が両端 a と b の間にある確率を表わす．したがって，すべてのおこりうる誤差の下端から上端までのこの積分の値はつねに 1 に等しい．そして $\varphi(x)$ はこの限界の外のどの x の値に対してもつねに 0 に等しいから明らかに次のことがなりたつ．

$x=-\infty$ から $x=+\infty$ までの積分 $\int\varphi(x)dx$ の値はつねに 1 に等しい．

5

次に同じ限界内の積分 $\int x\varphi(x)dx$ を考察する．この値を k とおく．すべての単一な誤差の原因については，その性質上絶対値が等しく符号が反対であるような誤差が異なった頻度で現われるという理由は何もないので，総誤差についても同じことがあてはまる．したがって $\varphi(-x)=\varphi(x)$ であり，これより $k=0$ でなくてはならない．我々はこのことから，もし k が 0 でなく何かある正の値であるならば，ただ正の誤差のみをとるかあるいは少くとも正の誤差の方が負の誤差よりも多く現われるような何か他の誤差の原因がそこになくてはならないと推論することができるだろう．実際すべてのおこりうる誤差の平均値あるいは量 x の平均値であるこの値 k は，誤差の**定数部分**と名付けるのがふさわしい．さらに総誤差の定数部分は，個々の単一の原因からもたらされる誤差の定数部分の和に等しいことが簡単に証明される．いま k が既知であると仮定し，おのおのの観測値からこれを差し引き，このように修正された観測値を x'，それに対応する確率を $\varphi'(x')$ で表わすならば，$x'=x-k$，$\varphi'(x')=\varphi(x)$ であり，したがって

$$\int x'\varphi'(x')dx' = \int x\varphi(x)dx - \int k\varphi(x)dx = k-k = 0$$

となる．すなわち修正された観測値の誤差は定数部分をもたない．そしてこのことは明らかなことである．

6

積分 $\int x\varphi(x)dx$ あるいは x の平均値が，定数誤差の過不足やその量を表わすように，$x=-\infty$ から $x=+\infty$ までの積分

$$\int x^2\varphi(x)dx$$

(あるいは平方 x^2 の平均値) は，一般に観測の不確かさを定義したり測ったりするのにもっとも適している．すなわち，誤差の頻度が異なっている二つの観測グループについては，積分 $\int x^2\varphi(x)dx$ が小さい値をとる方を，他の方より精密なものと評価する．もしも誰かがこの取り決めは確かな必然性がなく，勝手に行われたものであると異議を唱えだとしたならば，我々は確かにそれを認めざるを得ないであろう．けれどもこの問題はその本質として，ある点につい

て主観的な原理によってのみはっきりと決定することができる何かある未確定のものを含んでいる．多かれ少なかれ誤差を伴う観測によって一つの量を決定することを，負けるばかりで勝つことのできない賭けにたとえることは不似合いではないだろう．すなわちその場合，誤差に対してはある損失が対応する．このような賭け事の危険率は，おこりうる個々の損失に，それに対応する確率をかけたものの和によって評価される．しかし個々の観測の誤差をどのような損失に相当させるべきかは，決して自明なことではない．むしろこの決定は，ある点において我々の判断に任せられるものである．損失を誤差自身に等しいとおくことは明らかに許されない．すなわち正の誤差が損失のように扱われるとすれば，負の誤差は利益に相当しなければならなくなってしまう．損失の大きさは，その性質上つねに正の値をとる誤差の関数によって表現されなければならない．この性質をもっている関数は無限に多くあるが，その中でもっとも単純なものが用いられるべきである．そしてこれは疑いもなく平方である．したがって上で述べた原理が生じたのである．

Laplace はこのことを同じような方法で考察した．しかし彼は，つねに正として扱われる誤差自身を損失の量として選んだ．けれども考えちがいでなければ，この設定はたしかに我々のものとくらべ主観性が少なくはない．すなわち，一つの誤差を 2 倍するのと，その誤差を 2 度くり返すのを同程度なものとみなすかそれともそれよりはよくないものとみなすか，したがって 2 倍の誤差に単に 2 倍のモーメントを添えるのが適当か，それともより大きいものを添えるのがふさわしいかは自明のことではなく，数学的な証明によって判断するものでもなく，実は一般に自由な判断に任せられる問題である．その上彼の設定は連続性に反することを否定することはできない．したがってまったくこの方法はより高度な解析的扱いには逆行する．それに対して我々の原理から導かれる結果は，単純性においても一般性においても完全にすぐれている．

7

我々は $x=-\infty$ から $x=+\infty$ までの積分 $\int x^2\varphi(x)dx$ の値を m^2 とおき，量 m を観測値の**平均的に気づかわれる誤差**あるいは単に**平均誤差**とよぶ．ここで $\varphi(x)$ は未確定の誤差 x の相対確率を表わすものとする．このような表わし方を我々は直接の観測に限定するのでなく，観測から導かれるあらゆる測定にまで拡げる．けれどもこの平均誤差を，5 節で話題になったすべての誤差の

相加平均と取りちがえないよう十分注意しなくてはならない．

多くの観測や観測から得られる同一の精密さをもたない多くの測定を比較するとき，我々は m^2 に反比例する一つの量で相対的な**重み**を表わすことにする．これに対して**精密さ**は単に m に反比例する量とみなされる．したがって重みを一つの数で表現することができるようにするために，ある種の観測の重みを単位として取上げなければならない．

8

定数部分が観測誤差に含まれているならば，それを取り除くことによって平均誤差が減少し重みと精密さは増加する．5節の記法を用いるならば，修正された観測値の平均誤差を m' で表わすとき

$$m'^2 = \int x'^2 \varphi'(x')dx' = \int (x-k)^2 \varphi(x)dx$$
$$= \int x^2 \varphi(x)dx - 2k\int x\varphi(x)dx + k^2\int \varphi(x)dx$$
$$= m^2 - 2k^2 + k^2 = m^2 - k^2$$

となる．しかしもし仮に定数部分 k の代りに観測値の他の値 l を差し引くならば，新しい平均誤差の平方は $m^2 - 2kl + l^2 = m'^2 + (l-k)^2$ となるはずである．

9

λ をある定まった係数とし，$x = -\lambda m$ から $x = +\lambda m$ までの積分 $\int \varphi(x)dx$ の値を μ で表わすならば，μ は何かある観測の誤差が(絶対値において) λm よりも小さい確率であり，$1-\mu$ は λm よりも大きい確率となる．したがって値 $\lambda m = \rho$ のときに $\mu = \frac{1}{2}$ となるならば，誤差が ρ 以下であることと ρ 以上である可能性とは同程度となる．したがって ρ は**確からしい誤差**と名づけるのがふさわしい．値 λ と μ の間の関係は，明らかに一般には未知である関数 $\varphi(x)$ の性質に依存する．したがって，いくつかの特別の場合におけるその関係をさらに詳しく考察することは，意義のあることである．

1. すべてのおこりうる誤差の限界が $-a$ と $+a$ であり，かつこの限界内におけるすべての誤差が同様に確からしいならば，$\varphi(x)$ は限界 $x = -a$ と $x = +a$ の間において一定であり，したがって $1/(2a)$ に等しい．これより $m = a\sqrt{\frac{1}{3}}$ であり，λ が $\sqrt{3}$ より大きくない限り $\mu = \lambda\sqrt{\frac{1}{3}}$ が得られる．

また $\rho=m\sqrt{\dfrac{3}{4}}=0.8660254\,m$ であり，誤差が平均誤差よりも大きくない確率は $\sqrt{\dfrac{1}{3}}=0.5773503$ である．

2. おこりうる誤差の限界が前と同様 $-a$ と a であり，この誤差の確率が誤差 0 から両側に離れるにつれて等差数列的に減少するものと仮定すれば

$$\varphi(x)=\frac{a-x}{a^2}, \quad x が 0 と +a の間にあるとき,$$

$$\varphi(x)=\frac{a+x}{a^2}, \quad x が 0 と -a の間にあるとき,$$

である．これより $m=a\sqrt{\dfrac{1}{6}}$ であり，λ が 0 と $\sqrt{6}$ の間にある限り $\mu=\lambda\sqrt{\dfrac{2}{3}}-\dfrac{1}{6}\lambda^2$ である．そして μ が 0 と 1 の間にある限り $\lambda=\sqrt{6}-\sqrt{6-6\mu}$ であり，これより

$$\rho=m(\sqrt{6}-\sqrt{3})=0.7174389\,m$$

となる．この場合誤差が平均誤差をこえない確率は

$$\sqrt{\frac{2}{3}}-\frac{1}{6}=0.6498299$$

となる．

3. 我々は $e^{-\frac{x^2}{h^2}}$ に比例する関数 $\varphi(x)$ をとる．(実際にはそれに近いものも許すことにする)．このとき

$$\varphi(x)=\frac{e^{-\frac{x^2}{h^2}}}{h\sqrt{\pi}}$$

でなければならない．ここに π は半径 1 の半円周の長さを表わす．これよりさらに

$$m=h\sqrt{\frac{1}{2}}$$

が得られる．(Gauss 全集 Disquisitiones generales circa seriem infinitam etc. art 28. 参照)．さらに $z=0$ を下限とする積分

$$\frac{2}{\sqrt{\pi}}\int e^{-z^2}dz$$

の値を $\Theta(z)$ で表わすならば

$$\mu=\Theta\left(\lambda\sqrt{\frac{1}{2}}\right)$$

となる．

次の表は，これらの大きさのいくらかの値を示している：

λ	μ
0.6744897	0.5
0.8416213	0.6
1.0000000	0.6826895
1.0364334	0.7
1.2815517	0.8
1.6448537	0.9
2.5758293	0.99
3.2918301	0.999
3.8905940	0.9999
∞	1

10

 λ と μ の間の関係は $\varphi(x)$ の性質に依存するけれども，なおいくらかの一般的な関係を確かめることができる．すなわち，関数 $\varphi(x)$ が x の絶対値が増加するにつれて減少するかあるいは少なくとも増加はしないという性質をもつとすれば，たしかに次のような関係がある．

$$\mu < \frac{2}{3} \text{ のとき } \lambda \leq \mu\sqrt{3},$$

$$\mu > \frac{2}{3} \text{ のとき } \lambda \leq \frac{2}{3\sqrt{1-\mu}},$$

 $\mu = \frac{2}{3}$ のとき 2 つの限界は同一となり，したがって $\lambda \leq \sqrt{\frac{4}{3}}$ となる．

 この注目すべき命題を証明するために，我々は $z=-x$ を下端，$z=+x$ を上端とする積分 $\int \varphi(z)dz$ の値を y で表わす．したがって y は何かある誤差が限界 $-x$ と $+x$ の間に含まれる確率である．さらに

$$x = \psi(y), \quad d\psi(y) = \psi'(y)dy, \quad d\psi'(y) = \psi''(y)dy$$

とおく．したがって $\psi(0)=0$ であり

$$\psi'(y) = \frac{1}{\varphi(x)+\varphi(-x)}$$

となる．したがって仮定を考慮すれば，$\psi'(y)$ が $y=0$ から $y=1$ までの間で単調に増加するかあるいは少なくとも決して減少しないことが導かれる．このことは，$\psi''(y)$ の値がつねに正であるかあるいは少なくとも負でないことと同じ

である．さらに我々は $d(y\psi'(y))=\psi'(y)dy+y\psi''(y)dy$ を得，したがって積分を $y=0$ から始めるならば

$$y\psi'(y)-\psi(y)=\int y\psi''(y)dy$$

を得る．ゆえに式 $y\psi'(y)-\psi(y)$ の値はつねに正であるかあるいは少なくとも負の値とはならず，したがって

$$1-\frac{\psi(y)}{y\psi'(y)}$$

は1より小さいある正の数であることが導かれる．そこで $y=\mu$ のときのこの値を f とすれば，$\psi(\mu)=\lambda m$ だから

$$f=1-\frac{\lambda m}{\mu\psi'(\mu)} \quad \text{あるいは} \quad \psi'(\mu)=\frac{\lambda m}{(1-f)\mu}$$

となる．

この準備のもとで我々は次の y の関数

$$\frac{\lambda m}{(1-f)\mu}(y-\mu f)$$

を考えこれを $F(y)$ とおく．$dF(y)=F'(y)dy$ である．このとき明らかに

$$F(\mu)=\lambda m=\psi(\mu)$$

$$F'(\mu)=\frac{\lambda m}{(1-f)\mu}=\psi'(\mu)$$

となる．$\psi'(y)$ は y が増加するにつれて増加し（あるいは少なくとも減少しない．このことは以後も附加すべきことである．）そして他方 $F'(y)$ は定数であるので差 $\psi'(y)-F'(y)=\frac{d(\psi(y)-F(y))}{dy}$ は μ より大きい y の値に対しては正，μ より小さい y の値に対しては負となる．これより $\psi(y)-F(y)$ はつねに正の値であり，さらに少くとも $F(y)$ の値が正である限り，すなわち y が μf から1までの間の値をとる限り，つねに $\psi(y)$ は絶対値において $F(y)$ よりも大きいかあるいは少なくとも小さくないことが簡単に示される．したがって $y=\mu f$ から $y=1$ までの積分 $\int [F(y)]^2 dy$ の値は，同じ限界の積分 $\int [\psi(y)]^2 dy$ の値より小さい．そしてそれだけになお後者の積分を $y=0$ から $y=1$ までとったときの値 m^2 よりも小さい．しかし前者の積分の値は

$$\frac{\lambda^2 m^2(1-\mu f)^3}{3\mu^2(1-f)^2}$$

となるから，これより λ^2 が $\frac{3\mu^2(1-f)^2}{(1-\mu f)^3}$ よりも小さいことがわかる．ここに

f は0と1の間の数である．もし f を変数とみなすならば，分数 $\dfrac{3\mu^2(1-f)^2}{(1-\mu f)^3}$ の微分は

$$-\frac{3\mu^2(1-f)}{(1-\mu f)^4}(2-3\mu+\mu f)df$$

であり，μ が $\dfrac{2}{3}$ より小さいとすれば，f が値0から1まで増すときこの分数は単調に減少する．したがって最大値は値 $f=0$ に対応するもので $3\mu^2$ である．だからこの場合 λ は $\mu\sqrt{3}$ より小さいかあるいは大きくないことは確かである〔証明終〕．これに対し μ が $\dfrac{2}{3}$ より大きいならば，この分数の最大値は $2-3\mu+\mu f=0$ のとき，すなわち $f=3-\dfrac{2}{\mu}$ に対応するもので $\dfrac{4}{9(1-\mu)}$ に等しい．そしてこの場合 λ は $\dfrac{2}{3\sqrt{1-\mu}}$ より大きくなることはできない〔証明終〕．

たとえば $\mu=\dfrac{1}{2}$ に対して，たしかに λ は $\sqrt{\dfrac{3}{4}}$ より大きくなることはできない．すなわち確からしい誤差は，9節の例で見出された限界 $0.8660254\,m$ を超えることはできない．さらに我々の命題から，λ が $\sqrt{\dfrac{4}{3}}$ より小さい限り μ は $\lambda\sqrt{\dfrac{1}{3}}$ より小さいことはなく，これに対し λ が $\sqrt{\dfrac{4}{3}}$ より大きいならば μ は $1-\dfrac{4}{9\lambda^2}$ より小さくなることができないことが簡単に推論される．

11

後に扱われる多くの課題が積分 $\int x^4\varphi(x)dx$ の値に関連しているので，それを二，三の特別な場合について調べることは有益なことであろう．我々は，$x=-\infty$ から $x=+\infty$ までのこの積分の値を n^4 で表わすことにする．

1. $\varphi(x)=\dfrac{1}{2a}$，$-a\leqq x\leqq a$，に対して $n^4=\dfrac{1}{5}a^4=\dfrac{9}{5}m^4$ を得る．

2. 9節の第2の場合，すなわち0と $\pm a$ の間の x について $\varphi(x)=\dfrac{a\mp x}{a^2}$ であるとき，$n^4=\dfrac{1}{15}a^4=\dfrac{12}{5}m^4$ を得る．

3. 第3の場合，すなわち

$$\varphi(x)=\frac{e^{-\frac{x^2}{h^2}}}{h\sqrt{\pi}}$$

については，上で述べられた手続きをふんで $n^4=\dfrac{3}{4}h^4=3\,m^4$ を得る．

さらに前節の仮定を満たしさえすれば，$\dfrac{n^4}{m^4}$ の値は $\dfrac{9}{5}$ より小さくなり得ないことが示される．

12

いま $x, x', x'', \cdots$ を互いに独立な同一種類の観測の一般的誤差とし，既出の記号 φ はその相対確率を表わすものとする．さらに y を変数 $x, x', x'', \cdots$ のある与えられた有理関数とする．このとき与えられた限界 0 と η の間に y の値があるようなすべての変数 $x, x', x'', \cdots$ の値にわたる多重積分

$$\int \varphi(x)\varphi(x')\varphi(x'')\cdots dx\,dx'\,dx''\cdots \qquad (1)$$

は，y の値が 0 と η の間のどこかにある確率を表わしている．明らかにこの積分は η のある関数であるから，我々はその微分を $\psi(\eta)d\eta$ とおく．そうすれば，この積分自身 $\eta=0$ を下端とする積分 $\int \psi(\eta)d\eta$ に等しい．したがって，記号 $\psi(\eta)$ は y の個々の値の相対確率を表わさなくてはならない．x は変数 $y, x', x'', \cdots$ の関数とみなすことができるから，これを $f(y, x', x'', \cdots)$ で表わすことにすれば，積分(1)は

$$\int \varphi[f(y, x', x'', \cdots)] \frac{df(y, x', x'', \cdots)}{dy} \varphi(x')\varphi(x'')\cdots dy\,dx'\,dx''\cdots$$

に変る．ここに y は $y=0$ から $y=\eta$ までとらなければならないが，その他の変数は $f(y, x', x'', \cdots)$ が実数値をとるすべての値にわたるべきである．これより

$$\psi(y) = \int \varphi[f(y, x', x'', \cdots)] \frac{df(y, x', x'', \cdots)}{dy} \varphi(x')\varphi(x'')\cdots dx'\,dx''\cdots$$

が得られる．ここに積分計算に際しては，y は定数とみなすが，変数 $x', x'', \cdots$ は $f(y, x', x'', \cdots)$ に実数値を与えるようなすべての値にわたるものとする．

13

上の積分計算を実行するためには，一般に未知である関数 φ を知らなくてはならないはずである．しかしたとえ関数が既知であったとしても，この積分計算はたいてい解析の力では及ばないだろう．したがって，我々は y の個々の値の確率を示すことはできない．けれども y の平均値だけを求めようとするときは，y のとりうるすべての値に対する $\int y\psi(y)dy$ の積分計算をすればよい．そして明らかに，y がとることのできないすべての値に対して——y で表わされる関数の性質により（たとえば $y=x^2+x'^2+x''^2+\cdots$ については負の値に対して）そして誤差 $x, x', x'', \cdots$ に対応して決定される限界により——$\psi(y)=0$ と

おかなければならない．したがって明らかにその積分計算が y のすべての実数値すなわち $y=-\infty$ から $y=+\infty$ までわたるとしてよいことがわかる．しかしいま与えられた限界内で $y=\eta$ から $y=\eta'$ までの積分 $\int y\psi(y)dy$ は積分
$$\int y\varphi[f(y,x',x'',\cdots)]\frac{df(y,x',x'',\cdots)}{dy}\varphi(x')\varphi(x'')\cdots dydx'dx''\cdots$$
に等しい．ここに積分計算は，同様に $y=\eta$ から $y=\eta'$ までと $f(y,x',x'',\cdots)$ が実数値をとるような変数 $x',x'',\cdots$ のすべての値にわたるものとする．あるいは同じことではあるが，これはまた積分
$$\int y\,\varphi(x)\varphi(x')\varphi(x'')\cdots dxdx'dx''\cdots$$
の値に等しい．ただしこの際，y のところへ $x,x',x'',\cdots$ の関数としてのその値を代入するものとし，かつ積分計算は η と η' の間にある y の一つの値に対応するこれら変数のすべての値にわたるものとする．これより我々は次の結論を得る．すべての y の値にわたる積分，すなわち $y=-\infty$ から $y=+\infty$ までの積分 $\int y\psi(y)dy$ は
$$\int y\,\varphi(x)\varphi(x')\varphi(x'')\cdots dxdx'dx''\cdots$$
の積分計算から得られる．ただしこの積分計算は $x,x',x'',\cdots$ のすべての実数値すなわち $x=-\infty$ から $x=+\infty$ まで，$x'=-\infty$ から $x'=+\infty$ まで，$\cdots$ にわたるものとする．

14

関数 y が
$$Ax^\alpha x'^\beta x''^\gamma\cdots$$
の形の項の和だけから成り立っているならば，y のすべての値にわたる積分 $\int y\,\psi(y)dy$ の値，すなわち y の平均値は項
$$A\times\int x^\alpha\varphi(x)dx\times\int x'^\beta\varphi(x')dx'\times\int x''^\gamma\varphi(x'')dx''\cdots$$
の和に等しい．ここに積分計算は $x=-\infty$ から $x=+\infty$ まで，$x'=-\infty$ から $x'=+\infty$ まで，$\cdots$ とるものとする．あるいは同じことであるが，y の平均値は個々のべき $x^\alpha,x'^\beta,x''^\gamma,\cdots$ の代りに，その平均値を代入することによって得られた項の和に等しい．この非常に重要な命題の正しいことは，他の考え方からも容易に導くことができる．

15

我々は前節で設定した命題を，特別な場合すなわち
$$y=\frac{x^2+x'^2+x''^2+\cdots}{\sigma}$$
に適用してみようと思う．ここに σ は分子における項の数である．文字 m に前と同じ意味を与えることにすれば，y の平均値はただちに m^2 であることがわかる．y の真の値は個々の項 x^2 の真の値と同様に，ある特定の場合にこの平均値より大きくなったり小さくなったりするが，y の偶然の値が平均値 m^2 からひどく離れてはいない確からしさは，数 σ が増せば増すほどますます確実なものに近づくだろう．このことをなお一層明らかに示そうと思うが，この確率自身を正確に決定することはできないから，$y=m^2$ と想定するときの平均誤差を求めよう．6 節で設定された原理によってこの誤差は明らかに関数
$$\left(\frac{x^2+x'^2+x''^2+\cdots}{\sigma}-m^2\right)^2$$
の平均値の平方根に等しい．これを求めるためには，$\frac{x^4}{\sigma^2}$ の形の項の平均値は $\frac{n^4}{\sigma^2}$ であり（ここに文字 n は 11 節の場合と同じ意味をもっているものとする），$\frac{2x^2x'^2}{\sigma^2}$ の形の項の平均値は $\frac{2m^4}{\sigma^2}$ に等しいことに注意すれば十分である．これより直接この関数の平均値が
$$\frac{n^4-m^4}{\sigma}$$
に等しいことが導かれる．

したがって十分多くの互いに独立な偶発的誤差 $x, x', x'', \cdots$ がある場合には，それらから m の近似値が
$$m=\sqrt{\frac{x^2+x'^2+x''^2+\cdots}{\sigma}}$$
の形でもって，十分な確かさで求まることがわかる．またその平方 m^2 を決定するとき，それに対する平均誤差は
$$\sqrt{\frac{n^4-m^4}{\sigma}}$$
であることが知られる．ところでこの最後の形は値 n を含んでいるが，その決定の精密さについておおよその概念を得ることだけが問題である場合には，関数 φ の何かある種の形をとりあげるだけで十分である．たとえば 9 節と 11 節

の第3の場合にはこの誤差は $m^2\sqrt{\dfrac{2}{\sigma}}$ である．これではあまり満足でないならば，n^4 のよりよい近似値がこの誤差自身から式

$$\frac{x^4+x'^4+x''^4+\cdots}{\sigma}$$

を用いて導かれる．しかし一般にその決定に当り，2倍の大きさの精密さを得るためには4倍の個数の誤差が必要であること，あるいはこの決定の重みは数 σ 自身に比例していることは確かである．

さらに観測誤差が定数部分をもっているときは，同じような方法でこの部分の近似値を多くの誤差の相加平均から導くことができる．そしてそれら誤差の数が多ければ多いほど正確なものになる．しかもこの決定の平均誤差は，k を定数部分，m を定数部分に束縛されている観測の平均誤差とするとき

$$\sqrt{\frac{m^2-k^2}{\sigma}}$$

によって表わされる．また m が定数部分をもたないときの観測の平均誤差を表わすときは，単純に $\dfrac{m}{\sqrt{\sigma}}$ で表わされる（8節参照）．

16

12節から15節までは，誤差 $x, x', x'', \cdots$ は同一種類の観測に関するものと仮定してきた．したがってそれぞれの確率は同じ関数によって表わされた．しかし12節から14節までの一般的研究は同様，誤差 $x, x', x'', \cdots$ の確率が異なった関数 $\varphi(x), \varphi'(x'), \varphi''(x''), \cdots$ によって表わされるような，すなわちそれらの誤差が異なった厳密さや不確かさの観測に関連しているようなより一般的な場合に拡張される．x を平均誤差が m である観測の誤差とする．同様に $x', x'', \cdots$ をそれらの平均誤差がそれぞれ $m', m'', \cdots$ であるような他の観測の誤差とする．このとき和 $x^2+x'^2+x''^2+\cdots$ の平均値は $m^2+m'^2+m''^2+\cdots$ となる．いまその他に量 $m, m', m'', \cdots$ が与えられた比例関係にあることがわかっているとすれば，すなわちそれらが $1, \mu', \mu'', \cdots$ にそれぞれ比例しているとすれば，式

$$\frac{x^2+x'^2+x''^2+\cdots}{1+\mu'^2+\mu''^2+\cdots}$$

の平均値は m^2 である．そこで偶発的誤差 $x, x', x'', \cdots$ が与えられれば，この式から値 m^2 が確定できる．この確定値に対する平均誤差は，以前の節におけ

るのと同様な方法で
$$\frac{\sqrt{n^4+n'^4+n''^4+\cdots-m^4-m'^4-m''^4-\cdots}}{1+\mu'^2+\mu''^2+\cdots}$$
に等しいことがわかる．ここに $n', n'', \cdots$ は誤差 $x', x'', \cdots$ が属している観測に関係して，はじめの観測誤差 x に対して n がもっていたのと同様な意味をもっている．いま数 $n, n', n'', \cdots$ が数 $m, m', m'', \cdots$ に比例していると仮定するならば，それらの平均誤差は次のようになる：
$$\frac{\sqrt{n^4-m^4}\sqrt{1+\mu'^4+\mu''^4+\cdots}}{1+\mu'^2+\mu''^2+\cdots}$$
しかし m の近似値を決定するこの方法はもっとも目的にかなったものとはいえない．このことをなお一層はっきりさせるために，我々はより一般的な式
$$y=\frac{x^2+\alpha'x'^2+\alpha''x''^2+\cdots}{1+\alpha'\mu'^2+\alpha''\mu''^2+\cdots}$$
を考察する．ただし係数 $\alpha', \alpha'', \cdots$ は y の平均値がつねに m^2 であるように選ばれるものとする．しかし偶発的誤差 $x, x', x'', \cdots$ が与えられたとき，y の確定値が m^2 に等しいと想定すれば，平均誤差は上で提起された原理を用いて
$$\frac{\sqrt{(n^4-m^4)+\alpha'^2(n'^4-m'^4)+\alpha''^2(n''^4-m''^4)+\cdots}}{1+\alpha'\mu'^2+\alpha''\mu''^2+\cdots}$$
であることがわかる．この平均誤差を可能な限り小さくするために次のようにおく：
$$\alpha'=\frac{n^4-m^4}{n'^4-m'^4}\mu'^2$$
$$\alpha''=\frac{n^4-m^4}{n''^4-m''^4}\mu''^2$$
$$\cdots\cdots.$$
明らかにこれらの値は，量 $n, n', n'', \cdots$ と $m, m', m'' \cdots$ との関係がさらに他の方法で知られているときに限り計算することができる．しかしこの正確な情報はないので，せめて互いに比例していることを仮定するのがもっともあり得ることのように思われる(11節参照)．*) これより値

---

*) すなわち量 $\mu', \mu'', \cdots$ のこの関係は，誤差 $x, x', x'', \cdots$ が $1, \mu', \mu'', \cdots$ に比例しているとき同程度に確からしいと仮定する場合か，あるいはむしろ
$$\varphi(x)=\mu'\varphi'(\mu'x)=\mu''\varphi''(\mu''x)=\cdots$$
であるとする場合のみ得られると考えることができる．

$$\alpha' = \frac{1}{\mu'^2}, \quad \alpha'' = \frac{1}{\mu''^2}, \cdots$$

が得られる．すなわち係数 $\alpha', \alpha'', \cdots$ は，誤差 x が属する観測の重みを単位として採用するとき，誤差 $x', x'', \cdots$ が属する観測の相対的な重みに等しいとおかなければならない．これから前のように σ をそれら誤差の個数とするならば，式

$$\frac{x^2 + \alpha' x'^2 + \alpha'' x''^2 + \cdots}{\sigma}$$

の平均値は m^2 となる．そしてこの式が確定する値を m^2 の真の値と想定すれば，平均誤差は

$$\frac{\sqrt{n^4 + \alpha'^2 n'^4 + \alpha''^2 n''^4 + \cdots - \sigma m^4}}{\sigma}$$

であることがわかる．そしてさらに $n, n', n'', \cdots$ が $m, m', m'', \cdots$ に比例しているものと仮定すれば，この値は

$$\sqrt{\frac{n^4 - m^4}{\sigma}}$$

となる．この式は，前に同一種類の観測から求められた場合のものと一致している．

17

何か他の未知の量に従属しているある量の値が，完全には正確でない観測によって決定されるとき，これから計算されるその未知の量の値もまたある誤差を免れないだろう．しかしこの決定方法において，勝手に決められるものは何もない．けれども一つの未知量に属する**多くの量**が，不完全ないくつかの観測によって決められるとき，各観測はその未知量に対する一つの値を提供するであろうし，またそれは無数の異なる方法による観測の組合せの一つ一つからも得ることができる．答えに到達する方法は無限にあるが，その答えには誤差が伴ってくる．組合せの方法によって，生ずる誤差は大きかったり，小さかったりするであろう．同様に，多くの未知量に同時に従属している多くの量が考えられるときは，観測の個数が未知量の個数に等しいか，あるいはこれより小さいか，それとも大きいかに従って，この課題は，（少なくとも一般的には）確定するか，未確定であるか，それとも超確定となるであろう．そして第3の場合には，未知量の確定のために無数の異なる方法で観測を組合せることができ

る．この多様な組合せの中から，事情にもっともよく適しているもの，すなわち最小の誤差をもった未知量の値を提供するものを選び出すことは，自然科学の上へ数学を応用しようとするときに，疑いもなくもっとも重要な課題となる．

「天体運動論」の中で，我々は，観測誤差の確率に対する法則が知られているとき，いかにして未知量の**もっとも確からしい**値が導き出されるかを示した，そしてこの法則は，その性質上ほとんどすべての場合このような条件のもとにあるから，我々はその理論をもっとも妥当な法則，すなわち誤差 x の確率が指数量 $e^{-h^2 x^2}$ に比例している場合に適用した．これより，すでに長い間，とくに天文学上の計算の際に必要とされ，そしてなお最小2乗法の名のもとに多くの計算に適用される方式が生じた．

後に Laplace は，この事実を他方法で取り組むことによって，誤差の確率の法則がどのようなものであろうとも，観測の数が多くさえあれば，この原理は他のどの原理よりも好ましいものであることを示した．けれども観測数が少なければ，問題は未確定のまま残ってしまう．しかし我々の仮説とする法則が成り立たないときにも，最小2乗法だけは他のものに優先して薦められるべき価値がある．なぜならば，それは計算を簡素化するためにもっとも適しているからである．

いろいろな対象に対してこの新しい取扱いをするとき，我々は平均誤差の定義が Laplace の意味でなく，5節および6節における我々の意味でなされさえすれば，最小2乗法は，誤差に対する確率法則が何であれ，観測の個数がどうあろうと，あらゆる組合せの中で無条件に最上のものを提供することを示した．我々は，このことが多くの数学者に貢献することを願っている．

さらにここで，すべて今後の研究では，不規則的でかつ定数部分を持たない誤差のみを問題とすることをはっきりと強調しておかなければならない．なぜならば，定数誤差のすべての原因をできる限り取り除くことは，つまるところ完全な観測技巧に属しているからである．しかし，定数誤差を含んでいる観測を議論しようとするとき，計算者が確率計算そのものによってどれほどの利益を得られるかは当然疑わしいことである．それについては我々が以前保留したことであり，他の機会に発表するべき特殊の研究である．

18

問題 U を未知量 $V, V', V'', \cdots$ の与えられた関数とする. $V, V', V'', \cdots$ を真の値でなく,互いに独立でそれぞれ平均誤差が $m, m', m'', \cdots$ である観測から得られるものとするとき, U の値を確定するときの平均誤差 M を求めよ.

解 $e, e', e'', \cdots$ を $V, V', V'', \cdots$ の観測値の誤差とする. このときこれらから導かれる U の値の誤差は,線形関数

$$\lambda e + \lambda' e' + \lambda'' e'' + \cdots = E$$

によって表わされる. ここに $\lambda, \lambda', \lambda'', \cdots$ は $V, V', V'', \cdots$ の真の値に対する微係数 $\dfrac{dU}{dV}, \dfrac{dU}{dV'}, \dfrac{dU}{dV''}, \cdots$ の値である. ただし観測は誤差の平方や積を無視するのに十分なほど正確であるものとする. 観測誤差は定数部分をもたないものと仮定しているから, これよりまず E の平均値は 0 でなくてはならない. さらに U の値の平均誤差は, E^2 の平均値の平方根に等しい. すなわち M^2 は和

$$\lambda^2 e^2 + \lambda'^2 e'^2 + \lambda''^2 e''^2 + \cdots + 2\lambda\lambda' ee' + 2\lambda\lambda'' ee'' + 2\lambda'\lambda'' e'e'' + \cdots$$

の平均値に等しい. しかし, $\lambda^2 e^2$ の平均値は $\lambda^2 m^2$ であり, $\lambda'^2 e'^2$ の平均値は $\lambda'^2 m'^2, \cdots$ であり, また積 $2\lambda\lambda' ee'$ 等の平均値はすべて 0 である. したがって,これらより次の結果が得られる:

$$M = \sqrt{\lambda^2 m^2 + \lambda'^2 m'^2 + \lambda''^2 m''^2 + \cdots}.$$

この解に二,三の注釈を添えておこう.

1. 観測誤差を1次の量とみなし,より高次の量を無視する限り,我々の式において, $\lambda, \lambda', \lambda'', \cdots$ を量 $V, V', V'', \cdots$ の観測値から得られる $\dfrac{dU}{dV}$ 等の値とすることができる. もし U が1次関数ならば,両者の差は何もないことは明らかである.

2. 観測の平均誤差の代りに,観測の重みを用いるのもよい. この場合は,適当な単位を選んで,それらをそれぞれ $p, p', p'' \cdots$ とし, P を量 $V, V', V'', \cdots$ の観測値から生ずる U の値の確定値の重みとするとき,

$$P = \cfrac{1}{\cfrac{\lambda^2}{p} + \cfrac{\lambda'^2}{p'} + \cfrac{\lambda''^2}{p''} + \cdots}$$

を得る.

3. T を $V, V', V'', \cdots$ の他の与えられた関数とし,その真の値において

$$\frac{dT}{dV}=\kappa, \quad \frac{dT}{dV'}=\kappa', \quad \frac{dT}{dV''}=\kappa'', \cdots$$

とする．このとき，$V, V', V'', \cdots$ の観測値から T の値を確定するときの誤差は

$$\kappa e+\kappa' e'+\kappa'' e''+\cdots=E'$$

である．そしてこの確定のときの平均誤差は

$$\sqrt{\kappa^2 m^2+\kappa'^2 m'^2+\kappa''^2 m''^2+\cdots}$$

である．しかし誤差 E, E' はもはや明らかに互いに独立ではなく，積 EE' の平均値は積 ee' の平均値とは対照的に 0 ではなくて $\kappa\lambda m^2+\kappa'\lambda' m'^2+\kappa''\lambda'' m''^2+\cdots$ である．

4. 我々の問題はまた，量 $V, V', V'', \cdots$ の値が直接観測から見出されるのでなく，いくらかの観測の組合せから導かれる場合にも一般化される．ただしこの場合，個々の確定値は互いに独立であること，すなわち異なった観測によっているものとする．もしこの条件が満たされないならば，この式は M としては誤ったものとなってしまう．たとえば，V の値の確定に用いたいずれか一つの観測が，V' の値の確定にも用いられるならば，誤差 e と e' はもはや互いに独立ではなくなり，したがって積 ee' の平均値も 0 ではなくなる．しかし，量 V, V' が同一の観測から導かれたとき，V, V' とその観測との関係が正確にわかっている場合には，積 ee' の平均値は注釈 3. によって確定されるので，M に対する完全な式を与えることができるであろう．

19

$V, V', V'', \cdots$ を未知数 $x, y, z, \cdots$ の関数とし，さらに前者の個数を π，未知数の個数を ρ とする．そしてそれらの直接あるいは間接の観測によって，関数 $V, V', V'', \cdots$ の値が，それぞれ $L, L', L'', \cdots$ として求められたと仮定し，なおこれらの決定は互いに独立であるとする．ρ が π よりも大ならば，未知数を求めることは明らかに不定の問題になる．ρ が π に等しければ，個々の $x, y, z, \cdots$ は $V, V', V'', \cdots$ の関数として表わされるか，それともそれらの式によって決められる．だから後者の観測値から，前者の値を見出すことができる．これより前節の方法を用いて，これらの個々の確定にふさわしい相対的精密さを計算することができる．最後に ρ が π よりも小さいならば，個々の $x, y, z, \cdots$ は無数の異なる方法で $V, V', V'', \cdots$ の関数として表わされ，したがってそれ

らに対して無数の異なる方法で値を導くことができる．今もし観測が絶対的な精密さをもつならば，これらの確定値は完全に同じものでなければならないはずである．しかし，現実にはこのようなことはないから，別の方法からは別の値が生ずる．そして同様に，異なる組合せから得られた観測には，異なる精密さが与えられる．

さらに第2あるいは第3の場合に，関数 $V, V', V''\cdots$ のうちの $\pi-\rho+1$ 個またはそれ以上が余分の関数とみなすことができるような状態であれば，この問題は，後者の関数に関しては依然として超確定であるけれども，未知数 $x, y, z, \cdots$ に関しては不確定となろう．そして，関数 $V, V', V'', \cdots$ の値が完全に正確に与えられるとしても，未知数自身の値は一意的には確定できないだろう．しかし我々はこの場合を，我々の研究から除外する．

$V, V', V'', \cdots$ が，もともとそれら変数の**線形関数**でない場合には，最初の未知数の代りに，他の方法で既知とされる近似値に対する差を加味することによって，線形形式を与えることができる．$V=L, V'=L', V''=L'', \cdots$ を確定するときの平均誤差を $m, m', m'', \cdots$ で表わし，この確定の重みを $p, p', p'' \cdots$ で表わすことにすれば，$pm^2 = p'm'^2 = p''m''^2 = \cdots$ である．したがって，平均誤差の比は互いに既知であると仮定すれば，一つは任意にとることのできるそれらの重みも同様に既知である．最後に

$$(V-L)\sqrt{p}=v, \quad (V'-L')\sqrt{p'}=v', \quad (V''-L'')\sqrt{p''}=v'', \cdots$$

とおく．このとき明らかに，あたかも平均誤差が $m\sqrt{p}=m'\sqrt{p'}=m''\sqrt{p''}=\cdots$ であるか，あるいは重みが1である同じ精密さの直接の観測から

$$v=0, \quad v'=0, \quad v''=0, \cdots$$

なる結果が生じたかのような事実が得られる．

20

問題 次のような変数 $x, y, z, \cdots$ の1次関数を，$v, v', v'', \cdots$ で表わすことにする：

$$\left.\begin{aligned} v &= ax + by + cz + \cdots + l \\ v' &= a'x + b'y + c'z + \cdots + l' \\ v'' &= a''x + b''y + c''z + \cdots + l'' \\ &\cdots\cdots \end{aligned}\right\} \quad (1)$$

一般に

$$\kappa v + \kappa' v' + \kappa'' v'' + \cdots = x - k$$

で与えられるすべての係数 $\kappa, \kappa', \kappa'', \cdots$ の系の中から，$\kappa^2 + \kappa'^2 + \kappa''^2 + \cdots$ が最小値をとるような系を見つけ出すことを考えよう．ただし k は定数，すなわち $x, y, z, \cdots$ とは無関係な量である．

解
$$\left.\begin{aligned} av + a'v' + a''v'' + \cdots &= \xi \\ bv + b'v' + b''v'' + \cdots &= \eta \\ cv + c'v' + c''v'' + \cdots &= \zeta \\ \cdots\cdots & \end{aligned}\right\} \quad (2)$$

とおく．こうすれば $\xi, \eta, \zeta, \cdots$ もまた $x, y, z, \cdots$ の1次関数である．すなわち

$$\left.\begin{aligned} \xi &= x\sum a^2 + y\sum ab + z\sum ac + \cdots + \sum al \\ \eta &= x\sum ab + y\sum b^2 + z\sum bc + \cdots + \sum bl \\ \zeta &= x\sum ac + y\sum bc + z\sum c^2 + \cdots + \sum cl \\ \cdots\cdots & \end{aligned}\right\} \quad (3)$$

となる．（ここに $\sum a^2$ は和 $a^2 + a'^2 + a''^2 + \cdots$ を表わし，以下同様である）．この場合 $\xi, \eta, \zeta, \cdots$ の個数は，変数 $x, y, z, \cdots$ の個数に等しいとし，これを ρ とおく．したがって，消去法により次のような等式が導かれる*)：

$$x = A + [\alpha\alpha]\xi + [\alpha\beta]\eta + [\alpha\gamma]\zeta + \cdots.$$

これに(3)の $\xi, \eta, \zeta, \cdots$ の値を代入することによって一つの恒等式が得られる．いま

$$\left.\begin{aligned} a[\alpha\alpha] + b[\alpha\beta] + c[\alpha\gamma] + \cdots &= \alpha \\ a'[\alpha\alpha] + b'[\alpha\beta] + c'[\alpha\gamma] + \cdots &= \alpha' \\ a''[\alpha\alpha] + b''[\alpha\beta] + c''[\alpha\gamma] + \cdots &= \alpha'' \\ \cdots\cdots & \end{aligned}\right\} \quad (4)$$

とおけば，一般に

$$\alpha v + \alpha' v' + \alpha'' v'' + \cdots = x - A \quad (5)$$

となる．この等式はたしかに $\kappa = \alpha, \kappa' = \alpha', \kappa'' = \alpha'', \cdots$ を係数 $\kappa, \kappa', \kappa'', \cdots$ の値の一つの系とみなすことと同時に，一般に任意の系に対して

$$(\kappa - \alpha)v + (\kappa' - \alpha')v' + (\kappa'' - \alpha'')v'' + \cdots = A - k$$

でなければならないことを示している．これは次の等式をすべて含んでいる：

$$(\kappa - \alpha)a + (\kappa' - \alpha')a' + (\kappa'' - \alpha'')a'' + \cdots = 0$$

---

*) このような消去からもたらされる係数を表わすのに，我々が上のような記号 [　] を選んだ理由は，後に明らかになる.

$$(\kappa-\alpha)b+(\kappa'-\alpha')b'+(\kappa''-\alpha'')b''+\cdots=0$$
$$(\kappa-\alpha)c+(\kappa'-\alpha')c'+(\kappa''-\alpha'')c''+\cdots=0$$
$$\cdots\cdots.$$

これらの等式にそれぞれ $[\alpha\alpha], [\alpha\beta], [\alpha\gamma], \cdots$ をかけて加えると，(4)を用いて

$$(\kappa-\alpha)\alpha+(\kappa'-\alpha')\alpha'+(\kappa''-\alpha'')\alpha''+\cdots=0$$

となる．あるいは，同じことであるが

$$\kappa^2+\kappa'^2+\kappa''^2+\cdots$$
$$=\alpha^2+\alpha'^2+\alpha''^2+\cdots+(\kappa-\alpha)^2+(\kappa'-\alpha')^2+(\kappa''-\alpha'')^2+\cdots$$

を得る．これより，$\kappa=\alpha, \kappa'=\alpha', \kappa''=\alpha'', \cdots$ とおけば，和 $\kappa^2+\kappa'^2+\kappa''^2+\cdots$ の最小値を得る．これが求めるものである．

この最小値自身はまた次の方法で求められる．等式(5)は

$$\alpha a+\alpha' a'+\alpha'' a''+\cdots=1$$
$$\alpha b+\alpha' b'+\alpha'' b''+\cdots=0$$
$$\alpha c+\alpha' c'+\alpha'' c''+\cdots=0$$
$$\cdots\cdots$$

を示している．これらの等式にそれぞれ $[\alpha\alpha], [\alpha\beta], [\alpha\gamma], \cdots$ をかけて加えると，等式(4)を考慮に入れてただちに

$$\alpha^2+\alpha'^2+\alpha''^2+\cdots=[\alpha\alpha]$$

を得る．

21

観測から(実際には近似的な)等式 $v=0, v'=0, v''=0, \cdots$ が得られるとき，それらから未知数 x の値を見出すために，x の係数は 1 に等しく，その他の未知数 $y, z, \cdots$ は消去されるようにこれらの等式を組合せた式

$$\kappa v+\kappa' v'+\kappa'' v''+\cdots=0$$

が求められるはずである．この確定の重みは，18節より

$$\frac{1}{\kappa^2+\kappa'^2+\kappa''^2+\cdots}$$

となるべきである．そこで，前節に示したところより $\kappa=\alpha, \kappa'=\alpha', \kappa''=\alpha'', \cdots$ とおけば，これが目的の確定値であり，したがって，x は値 A を得る．明らかにその値は(乗数 $\alpha, \alpha', \alpha'', \cdots$ の値を知らなくても)消去法により，等式

$\xi=0, \eta=0, \zeta=0, \cdots$ から直接導くことができる．この確定値に与えられるべき重みは $\dfrac{1}{[\alpha\alpha]}$ である．あるいはその確定における平均誤差は
$$m\sqrt{p[\alpha\alpha]} = m'\sqrt{p'[\alpha\alpha]} = m''\sqrt{p''[\alpha\alpha]} = \cdots$$
である．

さらに同様の方法で，残りの未知数 $y, z, \cdots$ の最適の確定値は，同じ等式 $\xi=0, \eta=0, \zeta=0, \cdots$ から消去法によって導かれるものと同じ値を得る．

一般に，和 $v^2+v'^2+v''^2+\cdots$ あるいは同じものである
$$p(V-L)^2 + p'(V'-L')^2 + p''(V''-L'')^2 + \cdots$$
を Ω で表わすことにすれば，明らかに $2\xi, 2\eta, 2\zeta, \cdots$ は関数 Ω の偏微係数である．すなわち
$$2\xi = \frac{d\Omega}{dx}, \quad 2\eta = \frac{d\Omega}{dy}, \quad 2\zeta = \frac{d\Omega}{dz}, \cdots$$
である．したがって，観測の最適な組合せから導かれる未知数の値は，Ω を最小にするものと同じである．これらの値を**最適値**と名づけるのがふさわしい．

さて一般に，$V-L$ は計算されたものと観測されたものとの差を表わす．しがって未知数の最適値は，量 $V, V', V'', \cdots$ の観測値と計算値の差の平方に，それぞれ観測の重みをかけて加えたものを最小にするものと同じである．この原理は，我々が「天体運動論」の中でまったく別の観点から確立したものである．そしてそれに加えて，それぞれの確定値の相対的精密さが与えられるならば，$x, y, z, \cdots$ は等式(3)から，未定消去法によって次の形に表わされる：

$$\left.\begin{array}{l} x = A + [\alpha\alpha]\xi + [\alpha\beta]\eta + [\alpha\gamma]\zeta + \cdots \\ y = B + [\beta\alpha]\xi + [\beta\beta]\eta + [\beta\gamma]\zeta + \cdots \\ z = C + [\gamma\alpha]\xi + [\gamma\beta]\eta + [\gamma\gamma]\zeta + \cdots \\ \cdots\cdots \end{array}\right\} \quad (7)$$

これより未知数 $x, y, z, \cdots$ の最適値はそれぞれ $A, B, C, \cdots$ であり，この確定に附随する重みは $\dfrac{1}{[\alpha\alpha]}, \dfrac{1}{[\beta\beta]}, \dfrac{1}{[\gamma\gamma]}, \cdots$ であることがわかる．あるいはこの確定における平均誤差は

x に対しては，$m\sqrt{p[\alpha\alpha]} = m'\sqrt{p'[\alpha\alpha]} = m''\sqrt{p''[\alpha\alpha]} = \cdots$
y に対しては，$m\sqrt{p[\beta\beta]} = m'\sqrt{p'[\beta\beta]} = m''\sqrt{p''[\beta\beta]} = \cdots$
z に対しては，$m\sqrt{p[\gamma\gamma]} = m'\sqrt{p'[\gamma\gamma]} = m''\sqrt{p''[\gamma\gamma]} = \cdots$
$\cdots\cdots$

である．これは「天体運動論」の中で導かれたものと一致する一つの結果である．

22

我々はもっとも単純で，しかももっともよくおこる場合，すなわち，特に未知数がただ一つで $V=x, V'=x, V''=x, \cdots$ である場合をとりあげて簡単に扱うことにしよう．この場合は $a=\sqrt{p},\ a'=\sqrt{p'},\ a''=\sqrt{p''},\cdots,\ l=-L\sqrt{p}$, $l'=-L'\sqrt{p'},\ l''=-L''\sqrt{p''},\cdots$ となり
$$\xi = (p+p'+p''+\cdots)x - (pL+p'L'+p''L''+\cdots)$$
を得る．これよりさらに
$$[\alpha\alpha] = \frac{1}{p+p'+p''+\cdots}$$
$$A = \frac{pL+p'L'+p''L''+\cdots}{p+p'+p''+\cdots}$$
となる．

そこでいま，重みがそれぞれ p, p', p'' である異なる精密さの多くの観測から，ある一つの量の値が見出されたとしよう．そして，これらをそれぞれ第1のものからは L，第2のものからは L'，第3のものからは L'', $\cdots$ とすれば，それらの最適値は
$$\frac{pL+p'L'+p''L''+\cdots}{p+p'+p''+\cdots}$$
であり，この確定の重みは $p+p'+p''+\cdots$ である．もしすべての観測が同じ精密さをもつならば，最適値は
$$\frac{L+L'+L''+\cdots}{\pi}$$
である．すなわち，観測値の相加平均に等しい．そしてこれらの観測の重みを単位とするならば，この確定の重みは π である．

第 2 部

23

　これまでの理論を解説するための，あるいはそれらをさらに拡張するための研究が，なお多く残されている．

　まず第1に，未知数 $x, y, z, \cdots$ を $\xi, \eta, \zeta, \cdots$ によって表わすための消去の手続きが，実行できるかどうかを調べなければならない．前者の数が後者の数に等しいから，1次方程式における消去の理論から知られるように，もし $\xi, \eta, \zeta, \cdots$ が互いに独立であるならば，その消去は確かに可能であり，そうでない場合は不可能である．いま $\xi, \eta, \zeta, \cdots$ が互いに独立でなく，それらの間に恒等式
$$0 = F\xi + G\eta + H\zeta + \cdots + K$$
が成り立つと仮定してみよう．そうすれば
$$F\sum a^2 + G\sum ab + H\sum ac + \cdots = 0$$
$$F\sum ab + G\sum b^2 + H\sum bc + \cdots = 0$$
$$F\sum ac + G\sum bc + H\sum c^2 + \cdots = 0$$
$$\cdots\cdots,$$
$$F\sum al + G\sum bl + H\sum cl + \cdots = -K$$
が得られる．したがって
$$\left.\begin{array}{l} aF + bG + cH + \cdots = \Theta \\ a'F + b'G + c'H + \cdots = \Theta' \\ a''F + b''G + c''H + \cdots = \Theta'' \\ \cdots\cdots \end{array}\right\} \quad (1)$$
とおけば
$$a\Theta + a'\Theta' + a''\Theta'' + \cdots = 0$$
$$b\Theta + b'\Theta' + b''\Theta'' + \cdots = 0$$
$$c\Theta + c'\Theta' + c''\Theta'' + \cdots = 0$$
$$\cdots\cdots,$$
$$l\Theta + l'\Theta' + l''\Theta'' + \cdots = -K$$
が導かれる．ゆえに，方程式(1)にそれぞれ $\Theta, \Theta', \Theta'', \cdots$ をかけて加えれば
$$0 = \Theta^2 + \Theta'^2 + \Theta''^2 + \cdots$$
が得られる．これは明らかに，同時に $\Theta = 0, \Theta' = 0, \Theta'' = 0, \cdots$ でない限り成り立たない方程式である．これよりまず $K = 0$ が結論される．さらに方程式

(1)から，量 $x, y, z, \cdots$ の値が，それぞれ $F, G, H, \cdots$ に比例している量だけ増加したり減少したりしても，関数 $v, v', v'', \cdots$ はそれらの値が不変であるという性質をもっていることがわかる．同じことが，関数 $V, V', V'', \cdots$ についてもあてはまることは明らかである．我々の仮定は，量 $V, V', V'' \cdots$ の正確な値から未知数 $x, y, z, \cdots$ の値を決定することが不可能であるような場合，すなわち，課題がその性質上不確定である場合以外は起こり得ない．そして，そのような場合は，我々の研究から除外してある．

24

我々は $\alpha, \alpha', \alpha'', \cdots$ が x に対するのと同じ役割を y に対して演ずる乗数を，$\beta, \beta', \beta'', \cdots$ で表わす．すなわち

$$a\,[\beta\alpha]+b\,[\beta\beta]+c\,[\beta\gamma]+\cdots=\beta$$
$$a'[\beta\alpha]+b'[\beta\beta]+c'[\beta\gamma]+\cdots=\beta'$$
$$a''[\beta\alpha]+b'[\beta\beta]+c''[\beta\gamma]+\cdots=\beta''$$
$$\cdots\cdots$$

である．したがって一般に

$$\beta v+\beta'v'+\beta''v''+\cdots=y-B$$

となる．同様に，$\gamma, \gamma', \gamma'' \cdots$ を未知数 z に関する同様な乗数とする．すなわち

$$a\,[\gamma\alpha]+b\,[\gamma\beta]+c\,[\gamma\gamma]+\cdots=\gamma$$
$$a'[\gamma\alpha]+b'[\gamma\beta]+c'[\gamma\gamma]+\cdots=\gamma'$$
$$a''[\gamma\alpha]+b''[\gamma\beta]+c''[\gamma\gamma]+\cdots=\gamma''$$
$$\cdots\cdots$$

であり，したがって一般に

$$\gamma v+\gamma'v'+\gamma''v''+\cdots=z-C$$

となる．以下同様である．我々が 20 節で $\sum \alpha a=1, \sum \alpha b=0, \sum \alpha c=0, \cdots$ および $\sum \alpha l=-A$ を得たように，これらから

$$\sum \beta a=0, \quad \sum \beta b=1, \quad \sum \beta c=0, \cdots \text{ および } \sum \beta l=-B$$
$$\sum \gamma a=0, \quad \sum \gamma b=0, \quad \sum \gamma c=1, \cdots \text{ および } \sum \gamma l=-C$$

を得る．そして 20 節で $\sum \alpha^2=[\alpha\alpha]$ を得たのと全く同様に次の式を得る：

$$\sum \beta^2=[\beta\beta], \quad \sum \gamma^2=[\gamma\gamma], \cdots.$$

さらに，$\alpha, \alpha', \alpha'', \cdots$ の値(20節(4))にそれぞれ $\beta, \beta', \beta'', \cdots$ をかけて加え

$$\alpha\beta+\alpha'\beta'+\alpha''\beta''+\cdots=[\alpha\beta] \text{ あるいは } \sum\alpha\beta=[\alpha\beta]$$

を得る．また，$\beta,\beta',\beta'',\cdots$ の値に，それぞれ $\alpha,\alpha',\alpha'',\cdots$ をかけて加えれば，同様に
$$\alpha\beta+\alpha'\beta'+\alpha''\beta''+\cdots=[\beta\alpha]$$
となり，したがって $[\alpha\beta]=[\beta\alpha]$ を得る．さらに同様にして
$$[\alpha\gamma]=[\gamma\alpha]=\sum\alpha\gamma,\quad[\beta\gamma]=[\gamma\beta]=\sum\beta\gamma,\cdots$$
を得る．

25

さらに我々は $x,y,z,\cdots$ として，それらの最適値 $A,B,C,\cdots$ を代入するときに得られる関数 $v,v',v'',\cdots$ の値を $\lambda,\lambda',\lambda'',\cdots$ で表わすことにする．すなわち
$$aA+bB+cC+\cdots+l=\lambda$$
$$a'A+b'B+c'C+\cdots+l'=\lambda'$$
$$a''A+b''B+c''C+\cdots+l''=\lambda''$$
$$\cdots\cdots$$
とおく．さらに
$$\lambda^2+\lambda'^2+\lambda''^2+\cdots=M$$
とおくと，M は関数 Ω の変数が最適値に対応したときの Ω の値である．したがって20節で示したように，この関数の最小値でもある．これより $a\lambda+a'\lambda'+a''\lambda''+\cdots$ は，値 $x=A,y=B,z=C,\cdots$ に対応する ξ の値であり，したがって 0 である．すなわち
$$\sum a\lambda=0$$
を得る．同様に $\sum b\lambda=0,\sum c\lambda=0,\cdots$，さらに $\sum\alpha\lambda=0,\sum\beta\lambda=0,\sum\gamma\lambda=0,\cdots$ となる．最後に $\lambda,\lambda',\lambda'',\cdots$ の表現式に，それぞれ $\lambda,\lambda',\lambda'',\cdots$ をかけて加えれば
$$l\lambda+l'\lambda'+l''\lambda''+\cdots=\lambda^2+\lambda'^2+\lambda''^2+\cdots$$
あるいは
$$\sum l\lambda=M$$
を得る．

26

方程式 $v=ax+by+cz+\cdots+l$ において，$x,y,z,\cdots$ を 21 節の式(7)でおき

かえれば，既出の変形を用いて
$$v=\alpha\xi+\beta\eta+\gamma\zeta+\cdots+\lambda$$
が導かれる．同様にして一般に
$$v'=\alpha'\xi+\beta'\eta+\gamma'\zeta+\cdots+\lambda'$$
$$v''=\alpha''\xi+\beta''\eta+\gamma''\zeta+\cdots+\lambda''$$
$$\cdots\cdots$$
が得られる．これらの方程式あるいは20節の方程式(1)に，それぞれ $\lambda, \lambda',$ $\lambda'', \cdots$ をかけて加えれば，一般に
$$\lambda v+\lambda'v'+\lambda''v''+\cdots=M$$
を得る．

27

関数 Ω は一般に多くの形で表現され，それぞれ説明しておく価値がある．何よりもまず**第1の形式**として，20節(1)の各方程式を平方し加えることによって，直接に
$$\Omega=x^2\sum a^2+y^2\sum b^2+z^2\sum c^2+\cdots+2xy\sum ab+2xz\sum ac+2yz\sum bc$$
$$+\cdots+2x\sum al+2y\sum bl+2z\sum cl+\cdots+\sum l^2$$
が得られる．

同じ方程式に，それぞれ $v, v', v'', \cdots$ をかけて加えれば
$$\Omega=\xi x+\eta y+\zeta z+\cdots+lv+l'v'+l''v''+\cdots$$
が得られる．これより $v, v', v'', \cdots$ に前節で与えられた式を代入すれば
$$\Omega=\xi x+\eta y+\zeta z+\cdots-A\xi-B\eta-C\zeta-\cdots+M$$
あるいは
$$\Omega=\xi(x-A)+\eta(y-B)+\zeta(z-C)+\cdots+M$$
を得る．これが**第2の形式**である．

第2の形式において $x-A, y-B, z-C, \cdots$ のところへ21節の式(7)を代入すれば，**第3の形式**
$$\Omega=[aa]\xi^2+[\beta\beta]\eta^2+[\gamma\gamma]\zeta^2+\cdots+2[\alpha\beta]\xi\eta$$
$$+2[\alpha\gamma]\xi\zeta+2[\beta\gamma]\eta\zeta+\cdots+M$$
を得る．これらに**第4の形式**として，第3の形式およびこれまでの節から自然に生ずる次の形式を追加しておく．
$$\Omega=(v-\lambda)^2+(v'-\lambda')^2+(v''-\lambda'')^2+\cdots+M \text{ あるいは}$$

$$\varOmega = M + \sum (v-\lambda)^2.$$
これは，最小の条件が直接目に見える形式である．

28

$e, e', e'', \cdots$ を，観測によって $V=L, \ V'=L', \ V''=L'', \cdots$ を得たときに生じた誤差とする．すなわち，関数 $V, V', V'', \cdots$ の真の値は，それぞれ $L-e, L'-e', L''-e'', \cdots$ であり，したがって $v, v', v'', \cdots$ の真の値は，それぞれ $-e\sqrt{p}, -e'\sqrt{p'}, -e''\sqrt{p''}, \cdots$ である．これによって x の真の値は
$$A - \alpha e\sqrt{p} - \alpha' e'\sqrt{p'} - \alpha'' e''\sqrt{p''} - \cdots$$
となる．あるいは，x の最適な値を決定する際の誤差は
$$\alpha e\sqrt{p} + \alpha' e'\sqrt{p'} + \alpha'' e''\sqrt{p''} + \cdots$$
である．これを我々は $E(x)$ で表わそう．同様に y の最適な値を決定する際の誤差は
$$\beta e\sqrt{p} + \beta' e'\sqrt{p'} + \beta'' e''\sqrt{p''} + \cdots$$
となる．これを $E(y)$ で表わす．平方 $[E(x)]^2$ の平均値は，前に示したように
$$m^2 p(\alpha^2 + \alpha'^2 + \alpha''^2 + \cdots) = m^2 p[\alpha\alpha]$$
であり，平方 $[E(y)]^2$ の平均値は，同様にして $m^2 p[\beta\beta]$ に等しい等々である．さらに，積 $E(x)E(y)$ の平均値もまた求めることができる．すなわちそれは
$$m^2 p(\alpha\beta + \alpha'\beta' + \alpha''\beta'' + \cdots) = m^2 p[\alpha\beta]$$
である．これを簡単にして，次のように表現することができる：平方 $[E(x)]^2$, $[E(y)]^2, \cdots$ の平均値は，それぞれ 2 階の偏微係数
$$\frac{d^2\varOmega}{d\xi^2}, \ \frac{d^2\varOmega}{d\eta^2}, \cdots$$
と $\frac{1}{2}m^2p$ との積に等しい．そして，$E(x)E(y)$ のような積の平均値は，偏微係数 $\frac{d^2\varOmega}{d\xi d\eta}$ と $\frac{1}{2}m^2p$ との積に等しい．ただし $\varOmega$ は，変数 $\xi, \eta, \zeta, \cdots$ の関数とみなすものとする．

29

量 $x, y, z, \cdots$ の与えられた 1 次関数を t で表わす．すなわち
$$t = fx + gy + hz + \cdots + k$$
とおく．したがって $x, y, z, \cdots$ の最適値から得られる t の値は $fA + gB + hC$

$+\cdots+k$ である．我々はこれを K で表わす．これを t の真の値と想定すれば，そのときの誤差を $E(t)$ とするとき

$$E(t)=fE(x)+gE(y)+hE(z)+\cdots$$

となる．この誤差の平均値は明らかに 0 である．すなわち，誤差は定数部分をもたない．平方 $[E(t)]^2$ の平均値，すなわち和

$$\begin{aligned}f^2[E(x)]^2&+2fgE(x)E(y)+2fhE(x)E(z)+\cdots\\&+\quad g^2[E(y)]^2+2ghE(y)E(z)+\cdots\\&\qquad\quad+\quad h^2[E(z)]^2+\cdots\\&\qquad\qquad\qquad\cdots\cdots\end{aligned}$$

の平均値は，前節の結果より和

$$\begin{aligned}f^2[\alpha\alpha]&+2fg[\alpha\beta]+2fh[\alpha\gamma]+\cdots\\&+\quad g^2[\beta\beta]+2gh[\beta\gamma]+\cdots\\&\qquad\quad+\quad h^2[\gamma\gamma]+\cdots\\&\qquad\qquad\qquad\cdots\cdots\end{aligned}$$

と m^2p との積に等しい．あるいは

$$\xi=f,\ \eta=g,\ \zeta=h,\cdots$$

とおくときの関数 $\Omega-M$ の値と m^2p との積に等しい．そこで，関数 $\Omega-M$ のこの確定値を ω で表わすことにすれば，$t=K$ と確定するときの平均誤差は $m\sqrt{p\omega}$ である．またこの確定の重みは $\frac{1}{\omega}$ である．

一般に

$$\Omega-M=(x-A)\xi+(y-B)\eta+(z-C)\zeta+\cdots$$

だから，ω はまた，式

$$(x-A)f+(y-B)g+(z-C)h+\cdots$$

の確定値，すなわち $t-K$ の確定値に等しくなければならない．この確定値は，変数 $x,y,z,\cdots$ において，$\xi,\eta,\zeta,\cdots$ に $f,g,h,\cdots$ を代入したときの $x,y,z,\cdots$ の値を用いるときに得られる．

最後に，t を一般に，$\xi,\eta,\zeta,\cdots$ の関数の形で表わすとき，それの定数部分は必然的に K となることを注意しておく．したがって一般に

$$t=F\xi+G\eta+H\zeta+\cdots+K$$

ならば $\omega=fF+gG+hH+\cdots$ となる．

30

関数 Ω は前に調べたように $x=A$, $y=B$, $z=C$, $\cdots$ あるいは $\xi=0$, $\eta=0$, $\zeta=0$, $\cdots$ とおくとき，それの**絶対最小値** M をとる．しかし，これらの量のどれか一つがすでに**他の値**をとっているならば，たとえばそれを $x=A+\varDelta$ とすると，Ω は残りの量の変化によって相対最小値をとり得る．明らかにそれは，方程式

$$x=A+\varDelta, \quad \frac{d\Omega}{dy}=0, \quad \frac{d\Omega}{dz}=0, \cdots$$

を用いて得られる．したがって $\eta=0$, $\zeta=0$, $\cdots$ でなければならず，さらに

$$x=A+[\alpha\alpha]\xi+[\alpha\beta]\eta+[\alpha\gamma]\zeta+\cdots$$

の関係より $\xi=\dfrac{\varDelta}{[\alpha\alpha]}$ となる．同様にまた

$$y=B+\frac{[\alpha\beta]}{[\alpha\alpha]}\varDelta, \quad z=C+\frac{[\alpha\gamma]}{[\alpha\alpha]}\varDelta, \cdots$$

を得る．そして Ω の相対的最小値は

$$[\alpha\alpha]\xi^2+M=M+\frac{\varDelta^2}{[\alpha\alpha]}$$

となる．

このことから，逆に Ω の値が定められた限界 $M+\mu^2$ をこえないならば，x の値もまた限界 $A-\mu\sqrt{[\alpha\alpha]}$ と $A+\mu\sqrt{[\alpha\alpha]}$ の間に存在しなければならないことが結論される．なお $\mu=m\sqrt{p}$ とおくならば，すなわち μ が重み1を有する観測の平均誤差に等しいならば，$\mu\sqrt{[\alpha\alpha]}$ は x の最適値の平均誤差に等しいことは，注意しておく価値のあることだろう．

我々は，より一般的に t が前節のように1次関数 $fx+gy+hz+\cdots+k$ を表わし，その最適値が K であるとき，t の与えられた値に対応する Ω の最小値を求めようと思う．その t の定められた値を $K+\kappa$ とおく．最大，最小の理論より，課題の解は方程式

$$\frac{d\Omega}{dx}=\Theta\frac{dt}{dx},$$

$$\frac{d\Omega}{dy}=\Theta\frac{dt}{dy},$$

$$\frac{d\Omega}{dz}=\Theta\frac{dt}{dz}, \cdots,$$

すなわち $\xi=\Theta f$, $\eta=\Theta g$, $\zeta=\Theta h$, $\cdots$ から得られることがわかる．ここに Θ は

さしあたり未確定の因子を表わすものとする．そこで前節のように，**一般に**
$$t = F\xi + G\eta + H\zeta + \cdots + K$$
とおくならば，
$$K + \kappa = \Theta(fF + gG + hH + \cdots) + K$$
あるいは
$$\Theta = \frac{\kappa}{\omega}$$
が得られる．ここにωは前節におけるのと同じ意味である．そして$\Omega - M$は一般に変数$\xi, \eta, \zeta, \cdots$の2次の同次関数だから，$\xi = \Theta f, \eta = \Theta g, \zeta = \Theta h, \cdots$に対するその値は，明らかに$\Theta^2 \omega$である．さらに$t = K + \kappa$として得られる$\Omega$の最小値は$M + \Theta^2 \omega = M + \frac{\kappa^2}{\omega}$に等しい．逆に$\Omega$が何かある定められた値$M + \mu^2$をこえないならば，$t$の値は必然的に限界$K - \mu\sqrt{\omega}$と$K + \mu\sqrt{\omega}$の間に含まれなければならない．ここに$\mu\sqrt{\omega}$は，$\mu$を重み1の観測の平均誤差とするとき，$t$の最適値を確定するときの平均誤差に等しい．

31

量$x, y, z, \cdots$の個数がある程度大きいときには，方程式$\xi = 0, \eta = 0, \zeta = 0, \cdots$から，通常の消去法によって値$A, B, C, \cdots$の数値を決定することはかなり面倒である．したがって，我々は**天体運動論**182節(本訳書Ⅲ11節)において，対象の許す範囲でできる限りその作業を単純にする独特のアルゴリズムを示し，さらに**パラスの軌道要素についての研究** (Comment recent. Soc. Gotting. Vol. Ⅰ)の中でその説明をした．

すなわちΩは次の形に変形される：
$$\frac{u^{0^2}}{\mathfrak{A}^0} + \frac{u'^2}{\mathfrak{B}'} + \frac{u''^2}{\mathfrak{C}''} + \frac{u'''^2}{\mathfrak{D}'''} + \cdots + M.$$

ここに分母$\mathfrak{A}^0, \mathfrak{B}', \mathfrak{C}'', \mathfrak{D}''', \cdots$は定量であるが，$u^0, u', u'', u''', \cdots$は$x, y, z, \cdots$の1次関数であり，2番目の$u'$は$x$を含まず，3番目の$u''$は$x$と$y$を，4番目の$u'''$は$x, y$と$z$を含まず，以下同様にして，最後の$u^{(n-1)}$は未知数$x, y, z, \cdots$の最後のもののみに従属である．最後に$u^0, u', u'', \cdots$の中で，それぞれ$x, y, z, \cdots$にかけられている係数は，それぞれ$\mathfrak{A}^0, \mathfrak{B}', \mathfrak{C}'', \cdots$に等しい．そこで$u^0 = 0, u' = 0, u'' = 0, u''' = 0, \cdots$とおけば，未知数$x, y, z, \cdots$の値は逆順に都合よく導くことができる．ここでは関数Ωの変換をひきおこすアルゴリ

ズム自身を，もう一度くり返す必要はないように思われる．

しかし，その確定の重みを求めるために未定消去法が用いられるが，それにはなお多くの広範囲な計算が必要である．つまり最後の未知数 (最後の $u^{(\pi-1)}$ においてはそれだけがある) の確定の重みは，「天体運動論」で学んだことより，分母 $\mathfrak{A}^0, \mathfrak{B}', \mathfrak{C}'', \cdots$ の最後の項に等しいことが容易に示される．そこでいくらかの計算者達は，他に方法はないので，その面倒な計算を扱うためにしばしば述べてきたアルゴリズムをくり返すことを決心した．それは量 $x, y, z, \cdots$ の順序を変えて，個々の変数を順に最後の場所に振りかえるものである．だから，もし我々がここで確定の重みの計算のために，深遠な論証の解析を基盤にした，これ以上願うことは何もないようにみえる新しい方法を説明するならば，必ずや数学者から感謝を受けるであろう．

32

そこで次のように仮定する：
$$u^0 = \mathfrak{A}^0 x + \mathfrak{B}^0 y + \mathfrak{C}^0 z + \cdots + \mathfrak{L}^0$$
$$u' = \qquad \mathfrak{B}' y + \mathfrak{C}' z + \cdots + \mathfrak{L}' \qquad (1)$$
$$u'' = \qquad\qquad \mathfrak{C}'' z + \cdots + \mathfrak{L}''$$
$$\cdots\cdots.$$

これより一般に次の式が導かれる：
$$\frac{1}{2}d\Omega = \xi dx + \eta dy + \zeta dz + \cdots$$
$$= \frac{u^0 du^0}{\mathfrak{A}^0} + \frac{u' du'}{\mathfrak{B}'} + \frac{u'' du''}{\mathfrak{C}''} + \cdots$$
$$= u^0 \left(dx + \frac{\mathfrak{B}^0}{\mathfrak{A}^0}dy + \frac{\mathfrak{C}^0}{\mathfrak{A}^0}dz + \cdots\right)$$
$$+ u'\left(dy + \frac{\mathfrak{C}'}{\mathfrak{B}'}dz + \cdots\right) + u''(dz + \cdots) + \cdots.$$

さらにこれより次の関係が成り立つ：
$$\xi = u^0$$
$$\eta = \frac{\mathfrak{B}^0}{\mathfrak{A}^0}u^0 + u' \qquad (2)$$
$$\zeta = \frac{\mathfrak{C}^0}{\mathfrak{A}^0}u^0 + \frac{\mathfrak{C}'}{\mathfrak{B}'}u' + u''$$
$$\cdots\cdots.$$

これから次の式が生じたとする：
$$u^0 = \xi,$$
$$u' = A'\xi + \eta, \qquad (3)$$
$$u'' = A''\xi + B''\eta + \zeta, \cdots.$$

さらに方程式
$$\Omega = \xi(x-A) + \eta(y-B) + \zeta(z-C) + \cdots + M$$
の全微分より方程式
$$\frac{1}{2}d\Omega = \xi\,dx + \eta\,dy + \zeta\,dz + \cdots$$
を引けば，次の方程式を得る：
$$\frac{1}{2}d\Omega = (x-A)d\xi + (y-B)d\eta + (z-C)d\zeta + \cdots.$$

この式は，(3)から得られるもの，すなわち
$$\frac{u^0}{\mathfrak{A}^0}d\xi + \frac{u'}{\mathfrak{B}'}(A'd\xi + d\eta) + \frac{u''}{\mathfrak{C}''}(A''d\xi + B''d\eta + d\zeta) + \cdots$$

と一致しなければならない．ゆえに
$$x = \frac{u^0}{\mathfrak{A}^0} + A'\frac{u'}{\mathfrak{B}'} + A''\frac{u''}{\mathfrak{C}''} + \cdots + A$$
$$y = \qquad\qquad \frac{u'}{\mathfrak{B}'} + B''\frac{u''}{\mathfrak{C}''} + \cdots + B \qquad (4)$$
$$z = \qquad\qquad\qquad\qquad \frac{u''}{\mathfrak{C}''} + \cdots + C$$
$$\cdots\cdots$$

が成り立つ．これらの式において $u^0, u', u'', \cdots$ として(3)から得られる値を代入すれば，未定消去法は完結する．しかも重みの確定値として，全く申し分のない次の形が得られる：

$$[\alpha\alpha] = \frac{1}{\mathfrak{A}^0} + \frac{A'^2}{\mathfrak{B}'} + \frac{A''^2}{\mathfrak{C}''} + \frac{A'''^2}{\mathfrak{D}'''} + \cdots$$
$$[\beta\beta] = \qquad\quad \frac{1}{\mathfrak{B}'} + \frac{B''^2}{\mathfrak{C}''} + \frac{B'''^2}{\mathfrak{D}'''} + \cdots \qquad (5)$$
$$[\gamma\gamma] = \qquad\qquad\qquad \frac{1}{\mathfrak{C}''} + \frac{C'''^2}{\mathfrak{D}'''} + \cdots$$
$$\cdots\cdots.$$

さらに他の係数 $[\alpha\beta]$, $[\alpha\gamma]$, $[\beta\gamma]$ 等に対しても，同様に単純な形が得られるけれども，それは滅多に必要とされないので，ここに付け加えることはしない．

33

重要な目的でもあり，また計算上の十分な準備をするためにも，我々は係数 $A', A'', A''', \cdots, B', B'', B''', \cdots$ 等の確定について，明確な形式をここで記述しようと思う．方程式(3)から得られる $u^0, u', u'', \cdots$ の値を(2)に代入する場合と，(2)から得られる $\xi, \eta, \zeta, \cdots$ の値を(3)に代入する場合は同じ方程式が得られるから，この計算は2種の方法で導かれる．最初の計算法からは，次の式の系が得られる：

$$\frac{\mathfrak{B}^0}{\mathfrak{A}^0}+A'=0$$

$$\frac{\mathfrak{C}^0}{\mathfrak{A}^0}+\frac{\mathfrak{C}'}{\mathfrak{B}^0}A'+A''=0$$

$$\frac{\mathfrak{D}^0}{\mathfrak{A}^0}+\frac{\mathfrak{D}'}{\mathfrak{B}'}A'+\frac{\mathfrak{D}''}{\mathfrak{C}''}A''+A'''=0$$

$$\cdots\cdots.$$

これらから $A', A'', A''', \cdots$ が求まり

$$\frac{\mathfrak{C}'}{\mathfrak{B}'}+B''=0$$

$$\frac{\mathfrak{D}'}{\mathfrak{B}'}+\frac{\mathfrak{D}''}{\mathfrak{C}''}B''+B'''=0$$

$$\cdots\cdots$$

から $B'', B''', \cdots$ が求まる．さらに

$$\frac{\mathfrak{D}''}{\mathfrak{C}''}+C'''=0$$

$$\cdots\cdots$$

から $C''', \cdots$ が得られる．以下同様である．

もう一方の計算法では以下の式が得られる．まず

$$\mathfrak{A}^0 A'+\mathfrak{B}^0=0$$

から A' が得られ

$$\mathfrak{A}^0 A''+\mathfrak{B}^0 B''+\mathfrak{C}^0=0$$

$$\mathfrak{B}' B''+\mathfrak{C}'=0$$

より B'' と A'' が得られる．さらに

$$\mathfrak{A}^0 A'''+\mathfrak{B}^0 B'''+\mathfrak{C}^0 C'''+\mathfrak{D}^0=0$$

$$\mathfrak{B}' B'''+\mathfrak{C}' C'''+\mathfrak{D}'=0$$

$$\mathfrak{C}''C''' + \mathfrak{D}'' = 0$$

より C''', B''', A''' が得られ，以下同様である．

二つの計算方法は，すべての未知数 $x, y, z, \cdots$ の確定の重みを求めるためには，ほぼ同程度の便利さであるが，量 $[\alpha\alpha], [\beta\beta], [\gamma\gamma]$ 等の中のどれか一つだけを求めようとする場合には，明らかに最初の系の方がはるかに好ましい．

また，方程式(1)と(4)の組合せからも同じ式が導かれ，さらに2種の計算で $A, B, C, \cdots$ 自身の最適値も得られる．すなわち**第1に**

$$A = -\frac{\mathfrak{L}^0}{\mathfrak{A}^0} - A'\frac{\mathfrak{L}'}{\mathfrak{B}'} - A''\frac{\mathfrak{L}''}{\mathfrak{C}''} - A'''\frac{\mathfrak{L}'''}{\mathfrak{D}'''} - \cdots$$

$$B = \qquad -\frac{\mathfrak{L}'}{\mathfrak{B}'} - B''\frac{\mathfrak{L}''}{\mathfrak{C}''} - B'''\frac{\mathfrak{L}'''}{\mathfrak{D}'''} - \cdots$$

$$C = \qquad\qquad -\frac{\mathfrak{L}''}{\mathfrak{C}''} - C'''\frac{\mathfrak{L}'''}{\mathfrak{D}'''} - \cdots$$

$$\cdots\cdots$$

であり，もう一方の計算は $u^0 = 0, u' = 0, u'' = 0, \cdots$ とおくことによって得られる通常の恒等式である．

34

32節で述べたことは，次の一般的な定理の特別な場合に過ぎない．

定理 t を次のような変数 $x, y, z, \cdots$ の1次関数とする．

$$t = fx + gy + hz + \cdots + k.$$

これは，変数 $u^0, u', u'', \cdots$ の関数として，次の形に表わされる：

$$t = k^0 u^0 + k' u' + k'' u'' + \cdots + K.$$

このとき K は t の最適値であり，この確定の重みは

$$\frac{1}{\mathfrak{A}^0 k^{02} + \mathfrak{B}' k'^2 + \mathfrak{C}'' k''^2 + \cdots}$$

である．

証明 定理の最初の部分は，t の最適値が，値 $u^0 = 0, u' = 0, u'' = 0, \cdots$ に対応しなければならないことから導かれる．第2の部分を証明するために

$$\tfrac{1}{2} d\Omega = \xi dx + \eta dy + \zeta dz + \cdots \quad \text{および} \quad dt = f dx + g dy + h dz + \cdots$$

だから，微分 $dx, dy, dz, \cdots$ の値と独立である $\xi = f, \eta = g, \zeta = h, \cdots$ に対して

$$d\Omega = 2 dt$$

でなければならないことに注意する．これよりまた，上と同じ値 $\xi = f, \eta = g,$

$\zeta=h,\cdots$ に対して

$$\frac{u^0}{\mathfrak{A}^0}du^0+\frac{u'}{\mathfrak{B}'}du'+\frac{u''}{\mathfrak{C}''}du''+\cdots=k^0du^0+k'du'+k''du''+\cdots$$

となる．また $dx, dy, dz, \cdots$ が互いに独立ならば，$du^0, du', du'', \cdots$ もまた互いに独立でなければならないことは容易に知られる．したがって，$\xi=f, \eta=g,$ $\zeta=h,\cdots$ に対して

$$u^0=\mathfrak{A}^0k^0,\quad u'=\mathfrak{B}'k',\quad u''=\mathfrak{C}''k'',\cdots$$

であることがわかる．よって同じ値に応じた Ω の値は

$$\mathfrak{A}^0k^{02}+\mathfrak{B}'k'^2+\mathfrak{C}''k''^2+\cdots+M$$

である．したがって 29 節によって，ただちに我々の定理の正しいことが示される．

さらにもし関数 t の変換を，32 節の置換 (4) の知識なしに直接実行しようとするときは

$$f=\mathfrak{A}^0k^0$$
$$g=\mathfrak{B}^0k^0+\mathfrak{B}'k'$$
$$h=\mathfrak{C}^0k^0+\mathfrak{C}'k'+\mathfrak{C}''k''$$
$$\cdots\cdots$$

なる式をつくり，次々に係数 $k^0, k', k'', \cdots$ を決定し，最後に

$$K=k-\mathfrak{L}^0k^0-\mathfrak{L}'k'-\mathfrak{L}''k''-\cdots$$

を得ることになる．

35

次の問題は，美しい解をもつと同時に，実際に有用であるので，特別に取り上げる価値がある．

問題 新しく方程式をつけ加えることによって生ずる未知数の最適値の変化と，新しい確定の重みを見出すこと．

我々は，前に用いた記法をそのまま用いることにする．すなわち重みは 1 に戻し，最初の方程式を $v=0, v'=0, v''=0, \cdots$ とする．そして，総和は $v^2+v'^2+v''^2+\cdots=\Omega$ であり，さらに偏微係数

$$\frac{d\Omega}{2dx},\ \frac{d\Omega}{2dy},\ \frac{d\Omega}{2dz},\cdots$$

をそれぞれ $\xi, \eta, \zeta, \cdots$ とし，最後に未定消去法から次の関係が導かれるものとする：

$$\left.\begin{array}{l}x=A+[\alpha\alpha]\xi+[\alpha\beta]\eta+[\alpha\gamma]\zeta+\cdots\\y=B+[\alpha\beta]\xi+[\beta\beta]\eta+[\beta\gamma]\zeta+\cdots\\z=C+[\alpha\gamma]\xi+[\beta\gamma]\eta+[\gamma\gamma]\zeta+\cdots\\\cdots\cdots\end{array}\right\} \quad (1)$$

いま我々は,一つの(重みがほとんど1に等しい)新しい近似方程式 $v^*=0$ をつけ加えることにする.そして,これによってひきおこされる未知数の最適値 $A, B, C, \cdots$ および係数 $[\alpha\alpha], [\alpha\beta], \cdots$ における変化が,どれほどの大きさであるかを調べようと思う.

$$\Omega+v^{*2}=\Omega^*, \quad \frac{d\Omega^*}{2dx}=\xi^*, \quad \frac{d\Omega^*}{2dy}=\eta^*, \quad \frac{d\Omega^*}{2dz}=\zeta^*, \cdots$$

とおき,これらから消去法により

$$x=A^*+[\alpha\alpha^*]\xi^*+[\alpha\beta^*]\eta^*+[\alpha\gamma^*]\zeta^*+\cdots$$

が得られたと仮定する.最後に

$$v^*=fx+gy+hz+\cdots+k$$

とおき,$x, y, z, \cdots$ として(1)の値を代入して,式

$$v^*=F\xi+G\eta+H\zeta+\cdots+K$$

が得られたとする.そこで

$$Ff+Gg+Hh+\cdots=\omega$$

とおく.

明らかに,K は関数 v^* の最大値である.それは,つけ加えられた観測が示す値0を考慮することなく,最初の方程式から得られる.そして,$\frac{1}{\omega}$ はこの確定の重みである.

我々は,ここで

$$\xi^*=\xi+fv^*, \quad \eta^*=\eta+gv^*, \quad \zeta^*=\zeta+hv^*, \cdots$$

を得る.したがって

$$F\xi^*+G\eta^*+H\zeta^*+\cdots+K=v^*(1+Ff+Gg+Hh+\cdots)$$

あるいは

$$v^*=\frac{F\xi^*+G\eta^*+H\zeta^*+\cdots+K}{1+\omega}$$

を得る.

同様に

$$x=A+[\alpha\alpha]\xi^*+[\alpha\beta]\eta^*+[\alpha\gamma]\zeta^*+\cdots$$

$$-v^*(f[\alpha\alpha]+g[\alpha\beta]+h[\alpha\gamma]+\cdots)$$
$$=A+[\alpha\alpha]\xi^*+[\alpha\beta]\eta^*+[\alpha\gamma]\zeta^*+\cdots-Fv^*$$
$$=A+[\alpha\alpha]\xi^*+[\alpha\beta]\eta^*+[\alpha\gamma]\zeta^*+\cdots$$
$$-\frac{F}{1+\omega}(F\xi^*+G\eta^*+H\zeta^*+\cdots+K)$$

となる. したがって, これより

$$A^*=A-\frac{FK}{1+\omega}$$

が**すべての**観測についての x の最適値であると結論される. さらに

$$[\alpha\alpha^*]=[\alpha\alpha]-\frac{F^2}{1+\omega}$$

だから, この確定の重みは

$$\frac{1}{[\alpha\alpha]-\dfrac{F^2}{1+\omega}}$$

である. 同様にして, さらに**すべての**観測に基く y の最適値は

$$B^*=B-\frac{GK}{1+\omega}$$

であり, この確定の重みは

$$\frac{1}{[\beta\beta]-\dfrac{G^2}{1+\omega}}$$

であることがわかる. 以下同様である. ［証明終］

この解に, いくらかの注意を添えておこう.

1. この新しい値 $A^*, B^*, C^*, \cdots$ を代入すれば, 関数 v^* は最適値

$$K-\frac{K}{1+\omega}(Ff+Gg+Hh+\cdots)=\frac{K}{1+\omega}$$

をとる. そして, 一般に

$$v^*=\frac{F}{1+\omega}\xi^*+\frac{G}{1+\omega}\eta^*+\frac{H}{1+\omega}\zeta^*+\cdots+\frac{K}{1+\omega}$$

だから, 29節の原理により, この確定の重みは

$$\frac{1+\omega}{Ff+Gg+Hh+\cdots}=\frac{1}{\omega}+1$$

となる.

このことは, 21節の終りに与えられている法則の応用として直接導かれる.

すなわち，最初の方程式の集まりが重み $\frac{1}{\omega}$ の確定値 $v^*=K$ を与えたと仮定すれば，新しい観測が，前とは独立な一つの別な，重み 1 の確定値 $v^*=0$ を与えたことになる．そして，両方の組合せにより，重み $\frac{1}{\omega}+1$ の確定値 $v^*=\frac{K}{1+\omega}$ が得られよう．

2. これから，さらに $x=A^*$, $y=B^*$, $z=C^*$, … に対しては $\xi^*=0$, $\eta^*=0$, $\zeta^*=0$, … でなくてはならないから，同じ値に対して

$$\xi=-\frac{fK}{1+\omega}, \quad \eta=-\frac{gK}{1+\omega}, \quad \zeta=-\frac{hK}{1+\omega}, \cdots$$

となる．そして，さらに一般に

$$\Omega=\xi(x-A)+\eta(y-B)+\zeta(z-C)+\cdots+M$$

だから

$$\Omega=\frac{K^2}{(1+\omega)^2}(Ff+Gg+Hh+\cdots)+M=M+\frac{\omega K^2}{(1+\omega)^2}$$

である．最後に，一般に $\Omega^*=\Omega+v^{*2}$ だから

$$\Omega^*=M+\frac{\omega K^2}{(1+\omega)^2}+\frac{K^2}{(1+\omega)^2}=M+\frac{K^2}{1+\omega}$$

である．

3. この結果を 30 節で述べたことと比べると，関数 Ω のとる最小値は，それが条件 $v^*=\frac{K}{1+\omega}$ をおいたときにとる値になることがわかる．

36

前出のものに類似の次の問題：
 もとの諸観測のうちの一つの重みを変えたときに生ずる未知数の最大値の変化と，新しい確定の重みを求めること．
については，ただ解の役割を見出すことが大切であり，証明は前節の類似から容易に導かれるので，簡単に済ます．
 ある種の観測に，計算の完了後はじめて小さすぎるかあるいは大きすぎる重みを与えてしまったことに気がついたと仮定しよう．たとえば，$V=L$ が与えられている一番目の観測に，計算で用いられた重み p にかえてより正しい重み p^* を用いるべきだということがわかったとする．このとき，すべての計算をくり返す必要はなくて，次のような訂正式から容易に計算することができる．
 未知数の訂正された最適値は，次のようである：

$$x = A - \frac{(p^*-p)\alpha\lambda}{p+(p^*-p)(a\alpha+b\beta+c\gamma+\cdots)}$$

$$y = B - \frac{(p^*-p)\beta\lambda}{p+(p^*-p)(a\alpha+b\beta+c\gamma+\cdots)}$$

$$z = C - \frac{(p^*-p)\gamma\lambda}{p+(p^*-p)(a\alpha+b\beta+c\gamma+\cdots)}$$

……．

そしてこの確定の重みは，単位の大きさをそれぞれ

$$[\alpha\alpha] - \frac{(p^*-p)\alpha^2}{p+(p^*-p)(a\alpha+b\beta+c\gamma+\cdots)}$$

$$[\beta\beta] - \frac{(p^*-p)\beta^2}{p+(p^*-p)(a\alpha+b\beta+c\gamma+\cdots)}$$

$$[\gamma\gamma] - \frac{(p^*-p)\gamma^2}{p+(p^*-p)(a\alpha+b\beta+c\gamma+\cdots)}$$

……

で割ることによって得られる．この解法は，計算が終ったあとで，観測の一つが全く間違いであることに気がついたような場合にも適している．すなわちこれは，あたかも $p^*=0$ とおくときと同じだからである．同様に $p^*=\infty$ は，計算においては近似的なものとして扱われた等式 $V=L$ が，実際にはまったく正確である場合に相当している．

計算が終ったあとでさらに計算の基礎になる方程式の**多く**が新しく追加された場合や，それらのうちの**多く**が誤った重みを与えられた場合には，訂正の計算は繁雑をきわめるだろう．したがってこのような場合は，計算を新しくやり直すほうが好ましいだろう．

37

15, 16 節において，我々は観測の精密さについて可能な限り近似的な確定を得る方法を与えた．[*] しかしこの方法は，実際に生ずる誤差が十分多く存在し，しかも正確に知られていることを仮定している．この仮定は厳密に満たされることはきわめてまれであり，決して好ましいものとはいえないものである．し

---

[*] 同じ対象についての研究を，我々は以前の論文(観測の精密さの決定, Zeitschrift für Astronomie und vervandte Wissenschaft Ⅰ巻 185 頁)で発表した．それは誤差の確からしさを表わす関数の特性に関して，「天体運動論」の中で最小2乗法を組み立てる基礎になったものと同一の仮説で基礎づけられている．（本書Ⅲ 8 節参照）

かしながら，少なくとも観測によってその近似値が見出される量が，既知の法則により一つあるいは多くの未知の量に従属しているならば，これら未知量の最適値は最小2乗法により決めることができる．そしてこれから計算される，観測にかかわりのある量の値について，次のことを前提とする．すなわちそれらの観測値に対する差は，それらが今度は真の値からきわめてわずかしか離れていないので，真の観測誤差として扱われることが許される．しかも，それらの数が多ければ多いほど，その信頼度は大きくなる．後にこの方法は，特定の具体的な場合について，観測の精密さを評価しようとするすべての計算者に採用されたものである．しかしこれは明らかに理論的に欠陥があり，多くの場合実用的には十分であるけれども，時にはひどく誤りとなることもある．したがって，この問題についてはかなり鋭い解析をする必要がある．

我々はこの研究において，19節から用いてきた記号を踏襲する．そこで述べた方式では，量 $A, B, C, \cdots$ を $x, y, z, \cdots$ の真の値とし，$\lambda, \lambda', \lambda'', \cdots$ を関数 $v, v', v'', \cdots$ の真の値とした．もしすべての観測が同等の精密さをもち，その重み $p=p'=p''\cdots$ を単位としてとるならば，量 $\lambda, \lambda', \lambda'', \cdots$ の符号を逆にしたものは，その仮定のもとで観測誤差自身を意味する．そしてそれらから，15節で示したように観測の平均誤差

$$m = \sqrt{\frac{\lambda^2 + \lambda'^2 + \lambda''^2 + \cdots}{\pi}} = \sqrt{\frac{M}{\pi}}$$

を得る．もし観測の精密さが異なるならば，量 $-\lambda, -\lambda', -\lambda'', \cdots$ は観測誤差に重みの平方根を掛けたものを表わす．そしてそのときの平均誤差は16節で示したように，重みが1である観測の平均誤差としてすでに表わされたものと同じ式 $\sqrt{\frac{M}{\pi}}$ となる．しかし正確な計算には，明らかに量 $\lambda, \lambda', \lambda'', \cdots$ の代りに，未知数 $x, y, z, \cdots$ の真の値から得られる関数 $v, v', v'' \cdots$ の値を入れかえること，すなわち M の代りに $x, y, z, \cdots$ の真の値に対応する関数 Ω の値を入れかえることが必要である．この値をいま求めることはできないけれども，未知数の最適値が真の値に一致するというまったく起りそうもない場合を除いて，それは M よりは大きいこと（M は最小の可能な値だから）は確かである．したがって我々は，一般に通常の方法からは確かに小さすぎる平均誤差を生ずること，あるいは観測があまりにも大きな精密さを与えられることを確言することができる．そこで我々は何が厳密な理論を示すかを調べてみよう．

38

まず最初に，M がどのように真の観測誤差に左右されるかを調べなければならない．これら観測誤差を，28節におけるように $e, e', e'', \cdots$ で示し，さらに一層単純にするために
$$e\sqrt{p}=\varepsilon, \quad e'\sqrt{p'}=\varepsilon', \quad e''\sqrt{p''}=\varepsilon'', \cdots$$
とおき，そしてまた
$$m\sqrt{p}=m'\sqrt{p'}=m''\sqrt{p''}=\cdots=\mu$$
とおく．

さらに $x, y, z, \cdots$ の真の値を $A-x^0, B-y^0, C-z^0, \cdots$ とし，これらに対応する $\xi, \eta, \zeta, \cdots$ の値をそれぞれ $-\xi^0, -\eta^0, -\zeta^0, \cdots$ とする．また明らかにそれらに対応する $v, v', v'', \cdots$ の値は $-\varepsilon, -\varepsilon', -\varepsilon'', \cdots$ である．そこで次の関係を得る：
$$\xi^0 = a\varepsilon + a'\varepsilon' + a''\varepsilon'' + \cdots$$
$$\eta^0 = b\varepsilon + b'\varepsilon' + b''\varepsilon'' + \cdots$$
$$\zeta^0 = c\varepsilon + c'\varepsilon' + c''\varepsilon'' + \cdots$$
$$\cdots\cdots.$$
また
$$x^0 = \alpha\varepsilon + \alpha'\varepsilon' + \alpha''\varepsilon'' + \cdots$$
$$y^0 = \beta\varepsilon + \beta'\varepsilon' + \beta''\varepsilon'' + \cdots$$
$$z^0 = \gamma\varepsilon + \gamma'\varepsilon' + \gamma''\varepsilon'' + \cdots$$
$$\cdots\cdots.$$
最後に
$$\Omega^0 = \varepsilon^2 + \varepsilon'^2 + \varepsilon''^2 + \cdots$$
とおく．そうすれば Ω^0 は $x, y, z, \cdots$ の真の値に対応する関数 Ω の値である．一般に
$$\Omega = M + (x-A)\xi + (y-B)\eta + (z-C)\zeta + \cdots$$
だから，これより
$$M = \Omega^0 - x^0\xi^0 - y^0\eta^0 - z^0\zeta^0 - \cdots$$
となる．よって明らかに M は誤差 $e, e', e'', \cdots$ の2次の同次関数として展開されることがわかる．そしてこれは誤差のいろいろな値に応じて，大きくなったり小さくなったりするだろう．そして誤差の大きさが未知のままであるかぎり

は，考察中のこの関数は未定である．そこで確率論の原理を用いて何よりもまず，その平均値を求めてみよう．これは，平方 $e^2, e'^2, e''^2, \cdots$ のところへそれぞれ $m^2, m'^2, m''^2, \cdots$ を代入し，平均が 0 だから積 $ee', ee'', e'e'', \cdots$ をすべて省略することによって，あるいは同じことであるが，平方 $\varepsilon^2, \varepsilon'^2, \varepsilon''^2, \cdots$ のところをすべて μ^2 とかき，積 $\varepsilon\varepsilon', \varepsilon\varepsilon'', \varepsilon'\varepsilon'', \cdots$ を無視することによって求まる．この方法で項 Ω^0 からは明らかに $\pi\mu^2$ が生じ，項 $-x^0\xi^0$ は

$$-(a\alpha + a'\alpha' + a''\alpha'' + \cdots) = -\mu^2$$

に変り，残りの各項も同様に $-\mu^2$ に変る．したがって平均値の総和は $(\pi-\rho)\mu^2$ となる．ただし π は観測の個数を，また ρ は未知数の個数を表わすものとする．つまり M の真の値は，偶然の誤差に従い平均値より大きくなったり小さくなったりするけれども，その差は観測の数が多くなればなるほどますます問題ではなくなるので，μ の近似値として

$$\sqrt{\frac{M}{\pi-\rho}}$$

をとることが許される．したがって，前節で述べた誤っている慣例から生じた μ に対する値は，量 $\sqrt{\pi}$ を $\sqrt{\pi-\rho}$ と修正することによって大きくしなければならない．

39

M の偶然の値を平均値に等しいとおくのが，どれほどの正しさで許されるかをなお一層明らかに示すために，$\dfrac{M}{\pi-\rho} = \mu^2$ とおくときの平均誤差を求めなければならない．その平均誤差は，量

$$\left(\frac{\Omega^0 - x^0\xi^0 - y^0\eta^0 - z^0\zeta^0 - \cdots - (\pi-\rho)\mu^2}{\pi-\rho} \right)^2$$

の平均値の平方根に等しい．この式を次のように変形する：

$$\left(\frac{\Omega^0 - x^0\xi^0 - y^0\eta^0 - z^0\zeta^0 - \cdots}{\pi-\rho} \right)^2$$
$$- \frac{2\mu^2}{\pi-\rho} [\Omega^0 - x^0\xi^0 - y^0\eta^0 - z^0\zeta^0 - \cdots - (\pi-\rho)\mu^2] - \mu^4.$$

明らかに第 2 項の平均値は 0 だから，我々の問題は関数

$$\Psi = (\Omega^0 - x^0\xi^0 - y^0\eta^0 - z^0\zeta^0 - \cdots)^2$$

の平均値を求める問題に帰着される．これが得られるならば，それを N で表わすとき，求める平均誤差は

$$\sqrt{\frac{N}{(\pi-\rho)^2}-\mu^4}$$

となる．

式 Ψ は明らかに誤差 $e, e', e'', \cdots$ か，それとも量 $\varepsilon, \varepsilon', \varepsilon'', \cdots$ の同次関数として展開される．そしてその平均値は次のようにして，すなわち

1°．4乗べき $e^4, e'^4, e''^4, \cdots$ に対してはそれらの平均値を代入し

2°．$e^2 e'^2, e^2 e''^2, e'^2 e''^2, \cdots$ のような二つずつの平方の積に対しては，それらの平均値の積すなわち $m^2 m'^2, m^2 m''^2, m'^2 m''^2, \cdots$ を代入し

3．残りの項すなわち $e^3 e'$ の形あるいは $e^2 e' e''$ の形の因子を含む項はすべて省くことによって，得られる．我々は4乗べき $e^4, e'^4, e''^4, \cdots$ の平均値が，4乗べき $m^4, m'^4, m''^4, \cdots$ に比例していると仮定する (16節参照)．そうすれば，前者と後者の比は ν^4 と μ^4 の比に等しい．ただし ν^4 は重み1の観測の4乗べきの平均値を表わす．したがって上の指定はまた次のように表現することができる：それぞれ4乗べき $\varepsilon^4, \varepsilon'^4, \varepsilon''^4, \cdots$ の代りに ν^4 と書き，$\varepsilon^2 \varepsilon'^2, \varepsilon^2 \varepsilon''^2, \varepsilon'^2 \varepsilon''^2, \cdots$ のような二つずつの積のところを μ^4 と書き，$\varepsilon^3 \varepsilon'$ や $\varepsilon^2 \varepsilon' \varepsilon''$ あるいは $\varepsilon \varepsilon' \varepsilon'' \varepsilon'''$ のような因子を含む残りすべての項は省く．これらが正確に理解されるならば，次のことは容易に得られる．

1．平方 Ω^{02} の平均値は $\pi \nu^4 + (\pi^2 - \pi) \mu^4$ である．

2．積 $\varepsilon^2 x^0 \xi^0$ の平均値は

$$a\alpha \nu^4 + (a'\alpha' + a''\alpha'' + \cdots)\mu^4,$$

あるいは $a\alpha + a'\alpha' + a''\alpha'' + \cdots = 1$ だから

$$a\alpha(\nu^4 - \mu^4) + \mu^4$$

となる．そして同様に，積 $\varepsilon'^2 x^0 \xi^0$ の平均値は

$$a'\alpha'(\nu^4 - \mu^4) + \mu^4$$

となり，積 $\varepsilon''^2 x^0 \xi^0$ の平均値は

$$a''\alpha''(\nu^4 - \mu^4) + \mu^4$$

となる．以下同様である．そこで明らかに，積 $(\varepsilon^2 + \varepsilon'^2 + \varepsilon''^2 + \cdots) x^0 \xi^0$ あるいは $\Omega^0 x^0 \xi^0$ の平均値は

$$\nu^4 - \mu^4 + \pi \mu^4$$

となる．積 $\Omega^0 y^0 \eta^0, \Omega^0 z^0 \zeta^0, \cdots$ も同じ平均値をもっているから，積 $\Omega^0 (x^0 \xi^0 + y^0 \eta^0 + z^0 \zeta^0 + \cdots)$ の平均値は

$$\rho \nu^4 + \rho(\pi - 1) \mu^4$$

であることがわかる.

3. 残りの説明を単純にするために,適当な記号を導入しよう.我々はこの目的のために,記号 $\sum$ をこれまで用いてきたよりもいくらか広い意味に用いる.すなわちそれは,そこに記されているものおよびそれと同じではないが類似の項で,観測のあらゆる順列により生ずる項の和を表わす.これによれば,たとえば $x^0 = \sum \alpha\varepsilon, x^{02} = \sum \alpha^2\varepsilon^2 + 2\sum \alpha\alpha'\varepsilon\varepsilon'$ である.そこで積 $x^{02}\xi^{02}$ の平均値を項ごとにまとめれば,まず第一に積 $\alpha^2\varepsilon^2\xi^{02}$ の平均値として

$$\alpha^2\alpha^2\nu^4 + \alpha^2(a'^2 + a''^2 + \cdots)\mu^4$$
$$= a^2\alpha^2(\nu^4 - \mu^4) + \alpha^2\mu^4 \sum a^2$$

を得る.同様に積 $\alpha'^2\varepsilon'^2\xi^{02}$ の平均値は $a'^2\alpha'^2(\nu^4 - \mu^4) + \alpha'^2\mu^4 \sum a^2$ に等しく,以下同様である.したがって積 $\xi^{02} \sum \alpha^2\varepsilon^2$ の平均値は

$$(\nu^4 - \mu^4) \sum a^2\alpha^2 + \mu^4 \sum a^2 \sum \alpha^2$$

となる.また積 $\alpha\alpha'\varepsilon\varepsilon'\xi^{02}$ の平均値は

$$2\alpha\alpha' aa' \mu^4$$

であり,同様に積 $\alpha\alpha''\varepsilon\varepsilon''\xi^{02}$ の平均値は

$$2\alpha\alpha'' aa'' \mu^4$$

等々である.これより積 $\xi^{02} \sum \alpha\alpha'\varepsilon\varepsilon'$ の平均値は

$$2\mu^4 \sum \alpha\alpha' a a' = \mu^4[(\sum a\alpha)^2 - \sum a^2\alpha^2] = \mu^4(1 - \sum a^2\alpha^2)$$

であることが容易に導かれる.これらをまとめると,積 $x^{02}\xi^{02}$ の平均値は

$$(\nu^4 - 3\mu^4) \sum a^2\alpha^2 + 2\mu^4 + \mu^4 \sum a^2 \sum \alpha^2$$

となることがわかる.

4. まったく同様に,積 $x^0 y^0 \xi^0 \eta^0$ の平均値は

$$\nu^4 \sum ab\alpha\beta + \mu^4 \sum a\alpha b'\beta' + \mu^4 \sum ab\alpha'\beta' + \mu^4 \sum a\beta b'\alpha'$$

であることがわかる.ところが

$$\sum a\alpha b'\beta' = \sum a\alpha \sum b\beta - \sum a\alpha b\beta$$
$$\sum ab\alpha'\beta' = \sum ab \sum \alpha\beta - \sum ab\alpha\beta$$
$$\sum a\beta b'\alpha' = \sum a\beta \sum b\alpha - \sum a\beta b\alpha$$

だから,上の平均値は, $\sum a\alpha = 1$, $\sum b\beta = 1$, $\sum a\beta = 0$, $\sum b\alpha = 0$ より

$$(\nu^4 - 3\mu^4) \sum ab\alpha\beta + \mu^4(1 + \sum ab \sum \alpha\beta)$$

となる.

5. さらに積 $x^0 z^0 \xi^0 \zeta^0$ の平均値は,同じ方法で

$$(\nu^4 - 3\mu^4) \sum ac\alpha\gamma + \mu^4(1 + \sum ac \sum \alpha\gamma)$$

となり，以下同様である．そこでこれらの和をとることによって得られる積 $x^0\xi^0(x^0\xi^0+y^0\eta^0+z^0\zeta^0+\cdots)$ の平均値は

$$(\nu^4-3\mu^4)\sum[a\alpha(a\alpha+b\beta+c\gamma+\cdots)]+(\rho+1)\mu^4$$
$$+\mu^4(\sum a^2\sum\alpha^2+\sum ab\sum\alpha\beta+\sum ac\sum\alpha\gamma+\cdots)$$
$$=(\nu^4-3\mu^4)\sum[a\alpha(a\alpha+b\beta+c\gamma+\cdots)]+(\rho+2)\mu^4$$

となることがわかる．

6. さらに同じ方法で，積 $y^0\eta^0(x^0\xi^0+y^0\eta^0+z^0\zeta^0+\cdots)$ の平均値は

$$(\nu^4-3\mu^4)\sum[b\beta(a\alpha+b\beta+c\gamma+\cdots)]+(\rho+2)\mu^4$$

となり，ついで積 $z^0\zeta^0(x^0\xi^0+y^0\eta^0+z^0\zeta^0+\cdots)$ の平均値は

$$(\nu^4-3\mu^4)\sum[c\gamma(a\alpha+b\beta+c\gamma+\cdots)]+(\rho+2)\mu^4$$

に等しく，以下同様である．これらを加えることによって，平方 $(x^0\xi^0+y^0\eta^0+z^0\zeta^0+\cdots)^2$ の平均値は

$$(\nu^4-3\mu^4)\sum[(a\alpha+b\beta+c\gamma+\cdots)^2]+(\rho^2+2\rho)\mu^4$$

になる．

7. 最後にすべての項をもれなく加えることによって

$$N=(\pi-2\rho)\nu^4+(\pi^2-\pi-2\pi\rho+4\rho+\rho^2)\mu^4$$
$$+(\nu^4-3\mu^4)\sum[(a\alpha+b\beta+c\gamma+\cdots)^2]$$
$$=(\pi-\rho)(\nu^4-\mu^4)+(\pi-\rho)^2\mu^4$$
$$-(\nu^4-3\mu^4)\{\rho-\sum[(a\alpha+b\beta+c\gamma+\cdots)^2]\}$$

が得られる．したがって式

$$\mu^2=\frac{M}{\pi-\rho}$$

が用いられるとき，μ^2 の平均誤差は

$$\sqrt{\frac{\nu^4-\mu^4}{\pi-\rho}-\frac{\nu^4-3\mu^4}{(\pi-\rho)^2}\{\rho-\sum[(a\alpha+b\beta+c\gamma+\cdots)^2]\}}$$

となる．

40

いま求められた式に含まれている量 $\sum[a\alpha+b\beta+c\gamma+\cdots)^2]$ は一般に単純な形にもっていくことはできないけれども，その値がとるべき二つの限界は示される．**第1のもの**は，上で述べられた関係から簡単に示される．すなわちまず

$$(a\alpha+b\beta+c\gamma+\cdots)^2+(a\alpha'+b\beta'+c\gamma'+\cdots)^2$$
$$+(a\alpha''+b\beta''+c\gamma''+\cdots)^2+\cdots=a\alpha+b\beta+c\gamma+\cdots$$

が成り立ち，これより $a\alpha+b\beta+c\gamma+\cdots$ が正の量であり，かつ1よりも小さい（少なくとも大きくない）ことが結論される．同じことが量 $a'\alpha'+b'\beta'+c'\gamma'+\cdots$ にもあてはまる．なぜならばそれは和 $(a'\alpha+b'\beta+c'\gamma+\cdots)^2+(a'\alpha'+b'\beta'+c'\gamma'+\cdots)^2+(a'\alpha''+b'\beta''+c'\gamma''+\cdots)^2+\cdots$ に等しいからである．同様に $a''\alpha''+b''\beta''+c''\gamma''+\cdots$ は1より小さく，以下同様である．したがって $\sum[(a\alpha+b\beta+c\gamma+\cdots)^2]$ は必然的に π より小さい．第2のものについては $\sum a\alpha=1$, $\sum b\beta=1$, $\sum c\gamma=1, \cdots$ より $\sum(a\alpha+b\beta+c\gamma+\cdots)=\rho$ が得られ，これから平方の和 $\sum[(a\alpha+b\beta+c\gamma+\cdots)^2]$ は $\dfrac{\rho^2}{\pi}$ より大きいか少なくとも小さくはないことが簡単に推論される．したがって項

$$\frac{\nu^4-3\mu^4}{(\pi-\rho)^2}\{\rho-\sum[(a\alpha+b\beta+c\gamma+\cdots)^2]\}$$

は必然的に限界 $-\dfrac{\nu^4-3\mu^4}{\pi-\rho}$ と $\dfrac{\nu^4-3\mu^4}{\pi-\rho}\dfrac{\rho}{\pi}$ の間にあるか，あるいは我々がより広い限界を選ぶならば，$-\dfrac{\nu^4-3\mu^4}{\pi-\rho}$ と $+\dfrac{\nu^4-3\mu^4}{\pi-\rho}$ の間にある．そしてこれより $\mu^2=\dfrac{M}{\pi-\rho}$ とするときの平均誤差の平方は，限界 $\dfrac{2\nu^4-4\mu^4}{\pi-\rho}$ と $\dfrac{2\mu^4}{\pi-\rho}$ の間にある．そして観測の個数が十分多数でありさえすれば，これら両端の精密さをとることができる．

次のことは特に注目すべき価値がある．すなわち最小2乗法の理論が以前に基礎づけられた仮説(「天体運動論」Ⅲ.8節)のもとでは，標準誤差の2乗の表現式における第2の項はまったく消えてしまう．そして観測の平均誤差の近似値 μ を求めるのに，すべての場合に和

$$\lambda^2+\lambda'^2+\lambda''^2+\cdots=M$$

は，あたかもそれが $\pi-\rho$ 個の偶然誤差の和であるかのように扱わねばならない．そこでまさにその仮定のもとで，この確定の精密さ自身もまた15節の結果に従い，$\pi-\rho$ 個の真の誤差からもたらされた確定の精密さに等しくなる．

II 誤差を最小にする観測の組合せ理論・補遺

1

"Commentationes Recentiones" の第5巻に載っている観測の組合せ理論に関する論文において，我々は，完全には正確でない観測によって与えられる量が，ある種の未知の要素に依存すること，しかもこれらの要素の与えられた関数の形で表わされるものと仮定した．そしてとくにこれらの要素が，観測から如何にして可能な限り正確に導かれるかを問題としてきた．

多くの場合確かにその仮定は直接満たされている．けれども時にはその課題が少々異なった形で表わされており，一見したところ如何にしてそれを要求した形に帰着させることができるかが疑わしいように見える場合もある．すなわち，観測に関連した量が定められた要素の関数の形で表わされないばかりでなく，そのような形に帰着することさえうまくあるいは手短かにはできないようにみえることもまれではない．そしてこの場合は別に，問題の性質によって，観測量の真の値がすべて厳密に満たされるべきある条件式が与えられている．

しかしさらに厳密に眺めてみると，この場合は実際もともと本質的な差があるのではなく，前の場合に帰着させることができることはすぐ気づくことである．すなわち，いま観測量の個数を π で表わし，条件方程式の個数を σ で表わす．そして前者から任意に $\pi-\sigma$ 個を選び出す．そうすれば，まさにこれら観測量を要素と見て，σ 個の残りの観測量を条件方程式を用いて前者の関数とみなすことに，何の支障も生じない．このことより，問題の場合も最初の仮定を満たすと考えられる．

しかしこの方法が，たとえ多くの場合に実際に十分便利に目的を達しているとはいえ，それが幾分不自然だということを否定することはできない．したがって，この課題をとくに他の形で扱うことは，価値あることである．しかも，それが非常に美しい解を与えればなおさらである．そればかりか，この新しい解法によれば，この課題の解を以前の立場で導くよりも計算の短縮ができるか

ら，次のようにいうことができる．すなわち，σ が $\frac{1}{2}\pi$ よりも小さいならば，あるいは同じことであるが，以前の扱いで ρ と記された要素の個数が $\frac{1}{2}\pi$ よりも大きいならば，条件方程式を問題の性質から直ちに消去することができる場合でも，今度の扱いにおいて説明される新しい解法の方が，以前のものよりも好ましいであろう．

2

我々が観測によって値を知ることのできる量を $v, v', v'', \cdots$ で表わし，その個数を π とする．いまそれらに従属なある未知の量が，それらのある与えられた関数 u で表わされるものとする．さらに $l, l', l'', \cdots$ を，量 $v, v', v'', \cdots$ の真の値に対応する微係数

$$\frac{du}{dv}, \frac{du}{dv'}, \frac{du}{dv''}, \cdots$$

の値とする．これらの真の値を関数 u に代入することによってその真の値を生ずるのと同様に，$v, v', v'', \cdots$ として真の値からそれぞれ誤差 $e, e', e'', \cdots$ だけ差のある値を代入すれば，いつも仮定していることであるが，誤差 $e, e', e'', \cdots$ が非常に小さくて（1次関数ではない u に対して）その平方や積を無視することが許される場合に限り，正確でない未知量の値のもつ誤差を

$$le + l'e' + l''e'' + \cdots$$

とおくことができる．さて，誤差 $e, e', e'', \cdots$ の量は未知のままであるけれども，そのような未知量の確定に附随している不確かさは一般に評価することができる．しかも実際そのように確定するときの平均誤差によって評価することができる．それは以前に扱った原理によって

$$\sqrt{l^2 m^2 + l'^2 m'^2 + l''^2 m''^2 + \cdots}$$

となる．ただし $m, m', m'', \cdots$ は観測の平均誤差を表わすものとする．あるいは個々の観測が同程度の不確かさを有するならば，それは

$$m\sqrt{l^2 + l'^2 + l''^2 + \cdots}$$

に等しい．明らかにこの計算に際し，$l, l', l'', \cdots$ として，量 $v, v', v'', \cdots$ の観測値に対応する微係数の値を等しい正確さでとることが許される．

3

量 $v, v', v'', \cdots$ が完全に互いに独立であるならば，未知量はそれらよりただ

一つの方法によって決定される．したがってこのときは，その不確かさを回避したり減少させたりする方法はない．そして観測から未知量の値を導く際に，不確定な部分は何もない．

しかし，もし量 $v, v', v'', \cdots$ の間にある従属関係が存在すれば，まったく事情が変わる．我々はこの従属関係が，σ 個の条件方程式
$$X=0, \quad Y=0, \quad Z=0, \cdots$$
によって表わされるものと仮定しよう．ここに，$X, Y, Z, \cdots$ は変数 $v, v', v'', \cdots$ の与えられた関数を表わすものとする．この場合に明らかに関数 u の代りに，$X=0, Y=0, Z=0, \cdots$ に対して $U-u$ が恒等的に 0 になるような性質をもつ何か他の関数 U を用いることができるから，我々の未知量は，量 $v, v', v'', \cdots$ の組合せにより無数に多くの異なった方法で決定される．

いまある一つの場合をとりあげてみるとき，仮に観測が正確であるとするならば，未知量の値に関して何の差異も生じないだろう．しかし観測が誤差をもつ限り，一般にそれらの個々の組合せごとに未知量の異なった値が導かれることは明らかであろう．そこで我々は関数 u に対する誤差
$$le + l'e' + l''e'' + \cdots$$
の代りに，関数 U に対する誤差
$$Le + L'e' + L''e'' + \cdots$$
を得る．ここに $L, L', L'', \cdots$ は微係数 $\dfrac{dU}{dv}, \dfrac{dU}{dv'}, \dfrac{dU}{dv''}, \cdots$ の値を表わすものとする．いま我々は誤差自身を示すことはできないけれども，観測の異なった組合せごとに対応する平均誤差を互いに比べることはできる．そして最良の組合せは，この平均誤差をできる限り小さくするものである．この平均誤差は
$$\sqrt{L^2m^2 + L'^2m'^2 + L''^2m''^2 + \cdots}$$
だから，和 $L^2m^2 + L'^2m'^2 + L''^2m''^2 + \cdots$ の最小値を得ることが問題となる．

4

前節で示された条件のもとで u の代りにとることができる関数 U は限りなく多様であり，それらに対し係数 $L, L', L'', \cdots$ の異なる値の系が生ずる．そこでこれら多様な U について，さらに考察を進める．まず第一に，すべての許される系の間に生ずる関係を求めなければならない．我々は $v, v', v'', \cdots$ にそれらの真の値をおいたとき，偏微係数

$$\frac{dX}{dv}, \frac{dX}{dv'}, \frac{dX}{dv''}, \cdots$$

$$\frac{dY}{dv}, \frac{dY}{dv'}, \frac{dY}{dv''}, \cdots$$

$$\frac{dZ}{dv}, \frac{dZ}{dv'}, \frac{dZ}{dv''}, \cdots$$

......

の確定値をそれぞれ

$$a, \ a', \ a'', \ \cdots$$
$$b, \ b', \ b'', \ \cdots$$
$$c, \ c', \ c'', \ \cdots$$

......

で表わすことにする．いま $v, v', v'', \cdots$ の代りに次のようなそれらの増分 $dv, dv', dv'', \cdots$ を用いることにする．すなわちそれらによって $X, Y, Z, \cdots$ は変化せずそれぞれ 0 であり，したがってそれらは方程式

$$0 = adv + a'dv' + a''dv'' + \cdots$$
$$0 = bdv + b'dv' + b''dv'' + \cdots$$
$$0 = cdv + c'dv' + c''dv'' + \cdots$$

......

をみたすものとする．このとき $u - U$ もまた変化せず，したがって

$$0 = (l-L)dv + (l'-L')dv' + (l''-L'')dv'' + \cdots$$

が導かれる．これより係数 $L, L', L'' \cdots$ は次の式

$$L = l + ax + by + cz + \cdots$$
$$L' = l' + a'x + b'y + c'z + \cdots$$
$$L'' = l'' + a''x + b''y + c''z + \cdots$$

......

で表わされることが容易に推論される．ここに $x, y, z, \cdots$ は一定の乗数を示すものとする．逆に一定の乗数 $x, y, z, \cdots$ の系が任意に与えられたとき，つねに次のような関数 U が決まる．すなわちこれは，上の条件を満たす $L, L', L'', \cdots$ の値が対応し，前節の条件に適する関数に代えることができ，しかもこれを無限に異なる方法で行うことができるような関数である．もっとも簡単な場合は $U = u + xX + yY + zZ + \cdots$ とおく場合であり，さらに一般には $U = u + xX + yY + zZ + \cdots + u'$ とおいてよい．ここに u' は変数 $v, v', v'', \cdots$ の関数であり

$X=0, Y=0, Z=0, \cdots$ に対してはつねに 0 となるものである．そして U の値はそのように確定した場合に最大あるいは最小になる．しかし我々の目的にとって，これら二つの形はどちらをとってもよい．

5

いまや乗数 $x, y, z, \cdots$ に，和
$$L^2m^2+L'^2m'^2+L''^2m''^2+\cdots$$
が最小値をとるような値を与えることは容易である．明らかにこのためには，平均誤差 $m, m', m'', \cdots$ のすべてがわからなくても，それらの相対的な比がわかれば十分である．したがって観測の重み $p, p', p'', \cdots$ すなわち平方 $m^2, m'^2, m''^2, \cdots$ に反比例している数を導入する．このとき観測のどれか一つの重みは 1 に等しくとられるものとする．したがって量 $x, y, z, \cdots$ は，多項式
$$\frac{(ax+by+cz+\cdots+l)^2}{p}+\frac{(a'x+b'y+c'z+\cdots+l')^2}{p'}$$
$$+\frac{(a''x+b''y+c''z+\cdots+l'')^2}{p''}+\cdots$$
が最小となるように決定されなければならない．このような $x, y, z\cdots$ の確定値を $x^0, y^0, z^0, \cdots$ とする．

我々は次のように記号を導入する：

$$\frac{a^2}{p}+\frac{a'^2}{p'}+\frac{a''^2}{p''}+\cdots=[aa]$$

$$\frac{ab}{p}+\frac{a'b'}{p'}+\frac{a''b''}{p''}+\cdots=[ab]$$

$$\frac{ac}{p}+\frac{a'c'}{p'}+\frac{a''c''}{p''}+\cdots=[ac]$$

$$\frac{b^2}{p}+\frac{b'^2}{p'}+\frac{b''^2}{p''}+\cdots=[bb]$$

$$\frac{bc}{p}+\frac{b'c'}{p'}+\frac{b''c''}{p''}+\cdots=[bc]$$

$$\frac{c^2}{p}+\frac{c'^2}{p'}+\frac{c''^2}{p''}+\cdots=[cc]$$

$\cdots$, さらに

$$\frac{al}{p}+\frac{a'l'}{p'}+\frac{a''l''}{p''}+\cdots=[al]$$

$$\frac{bl}{p}+\frac{b'l'}{p'}+\frac{b''l''}{p''}+\cdots=[bl]$$

$$\frac{cl}{p}+\frac{c'l'}{p'}+\frac{c''l''}{p''}+\cdots=[cl].$$

そうすれば，最小の条件は明らかに

$$\left.\begin{aligned}0&=[aa]x^0+[ab]y^0+[ac]z^0+\cdots+[al]\\0&=[ab]x^0+[bb]y^0+[bc]z^0+\cdots+[bl]\\0&=[ac]x^0+[bc]y^0+[cc]z^0+\cdots+[cl]\\&\cdots\cdots\end{aligned}\right\} \quad (1)$$

となることが必要である．これらから消去法により量 $x^0, y^0, z^0, \cdots$ を導き

$$\left.\begin{aligned}ax^0+by^0+cz^0+\cdots+l&=L\\a'x^0+b'y^0+c'z^0+\cdots+l'&=L'\\a''x^0+b''y^0+c''z^0+\cdots+l''&=L''\\&\cdots\cdots\end{aligned}\right\} \quad (2)$$

とおく．このとき我々の未知量を確定するのにもっとも適切であり，かつ不確かさを最小にする量 $v, v', v'', \cdots$ の関数は，そのとき偏微係数がそれぞれ値 $L, L', L'', \cdots$ をもち，その確定の重みが

$$\frac{1}{\dfrac{L^2}{p}+\dfrac{L'^2}{p'}+\dfrac{L''^2}{p''}+\cdots} \quad (3)$$

であるようなものである．このとき(3)を P で表わすと，$\frac{1}{P}$ が前頁で述べた多項式の，方程式(1)を満たす量 $x, y, z, \cdots$ の値の系に対する値となる．

6

これまでの節で我々は未知量の最適な確定に貢献する関数 U を示した．いま我々は，この方法で未知量がどのような値をとり得るかを見てみよう．U に量 $v, v', v'', \cdots$ の観測値を代入するときに生ずる値を K で表わすことにする．そして，同じ代入によって関数 u が値 k をとったとする．そしてまた，仮に U や u についてそれが実現できるとしたとき，量 $v, v', v'', \cdots$ の真の値を代入することによって得られるであろうその未知量の真の値を κ とする．そうすれば

$$k=\kappa+le+l'e'+l''e''+\cdots$$
$$K=\kappa+Le+L'e'+L''e''+\cdots$$

となり，さらに

$$K=k+(L-l)e+(L'-l')e'+(L''-l'')e''+\cdots$$

となる．この等式で $L-l, L'-l', L''-l'', \cdots$ に(2)から得られる値を代入し，

次のようにおく：

$$\left.\begin{array}{l}ae+a'e'+a''e''+\cdots =\mathfrak{A}\\be+b'e'+b''e''+\cdots =\mathfrak{B}\\ce+c'e'+c''e''+\cdots =\mathfrak{C}\\\cdots\cdots\end{array}\right\} \quad (4)$$

そうすれば

$$K=k+\mathfrak{A}x^0+\mathfrak{B}y^0+\mathfrak{C}z^0+\cdots \quad (5)$$

となる．いま誤差 $e, e', e'', \cdots$ は未知のままであるから，量 $\mathfrak{A}, \mathfrak{B}, \mathfrak{C}, \cdots$ の値は式(4)から算出することはできないが，それらは $v, v', v'', \cdots$ として観測値を代入したときに生ずる関数 $X, Y, Z, \cdots$ の値以外の何物でもないことはおのずから明らかである．ところで我々が2節の終りで与えた，量 $v, v', v'', \cdots$ の観測値から量 $l, l', l'', \cdots$ を算出する方法は，明らかに同様な正しさで量 a, a', a'', $\cdots, b, b', b'', \cdots$ 等の算出にも応用することが許される．したがって方程式(1)，(3)，(5)の系は，我々の課題の完全な解を形成している．

7

最適な確定の重みを表わす式(3)の代りとなる二，三の他の式を求める方法は，説明する価値のあることであろう．

まず第一に，方程式(2)のそれぞれに $\dfrac{a}{p}, \dfrac{a'}{p'}, \dfrac{a''}{p''}, \cdots$ をかけて加えると次の式を得る：

$$[aa]x^0+[ab]y^0+[ac]z^0+\cdots+[al]=\frac{aL}{p}+\frac{a'L'}{p'}+\frac{a''L''}{p''}+\cdots.$$

左辺は 0 となり，右辺を他と類似させて $[aL]$ と記すことにすれば $[aL]=0$ を得る．同様に $[bL]=0, [cL]=0, \cdots$ も得られる．

さらに方程式(2)に順に $\dfrac{L}{p}, \dfrac{L'}{p'}, \dfrac{L''}{p''}, \cdots$ をかけて加えれば

$$\frac{lL}{p}+\frac{l'L'}{p'}+\frac{l''L''}{p''}+\cdots=\frac{L^2}{p}+\frac{L'^2}{p'}+\frac{L''^2}{p''}+\cdots$$

となり，重みに対する**第2の表現**

$$P=\frac{1}{\dfrac{lL}{p}+\dfrac{l'L'}{p'}+\dfrac{l''L''}{p''}+\cdots}$$

を得る．

最後に方程式(2)に順に $\dfrac{l}{p}, \dfrac{l'}{p'}, \dfrac{l''}{p''}, \cdots$ をかけて加えれば，重みに対す

る第3の表現

$$P = \frac{1}{[al]x^0 + [bl]y^0 + [cl]z^0 + \cdots + [ll]}$$

が得られる．ただし他の記法に習って

$$\frac{l^2}{p} + \frac{l'^2}{p'} + \frac{l''^2}{p''} + \cdots = [ll]$$

とおくものとする．これより方程式(1)を用いて**第4**の表現が得られる．これは次のように書かれる：

$$\frac{1}{P} = [ll] - [aa]x^{0\,2} - [bb]y^{0\,2} - [cc]z^{0\,2} - \cdots \\ - 2[ab]x^0 y^0 - 2[ac]x^0 z^0 - 2[bc]y^0 z^0 - \cdots.$$

8

我々がこれまでに与えた一般解は，とくに観測量に従属なただ**一つ**の未知量を決定する場合にも適用される．しかし，同一のいくつかの観測に従属な多くの未知量の最適値が問題になる場合や，とりわけそれら観測からどの未知数を導くべきかが不確かである場合には，これから述べようとする方法で扱う方がよい．

我々は量 $x, y, z, \cdots$ を変数とみなし

$$\left. \begin{array}{l} [aa]x + [ab]y + [ac]z + \cdots = \xi \\ [ab]x + [bb]y + [bc]z + \cdots = \eta \\ [ac]x + [bc]y + [cc]z + \cdots = \zeta \\ \cdots\cdots \end{array} \right\} \quad (6)$$

とおく．これから消去法により

$$\left. \begin{array}{l} [\alpha\alpha]\xi + [\alpha\beta]\eta + [\alpha\gamma]\zeta + \cdots = x \\ [\beta\alpha]\xi + [\beta\beta]\eta + [\beta\gamma]\zeta + \cdots = y \\ [\gamma\alpha]\xi + [\gamma\beta]\eta + [\gamma\gamma]\zeta + \cdots = z \\ \cdots\cdots \end{array} \right\} \quad (7)$$

が導かれたとする．

最初に，文字を対称におきかえた係数同士は当然互いに等しいこと，すなわち

$$[\beta\alpha] = [\alpha\beta]$$
$$[\gamma\alpha] = [\alpha\gamma]$$

$$[\gamma\beta]=[\beta\gamma]$$
$$\cdots\cdots$$

が成り立つことを注意しておこう．このことは1次方程式に関する消去法の一般論からすでに示されているが，後にもう一度直接に証明がなされるであろう．

したがって我々は
$$\begin{aligned}
x^0 &= -[\alpha\alpha][al]-[\alpha\beta][bl]-[\alpha\gamma][cl]-\cdots \\
y^0 &= -[\alpha\beta][al]-[\beta\beta][bl]-[\beta\gamma][cl]-\cdots \\
z^0 &= -[\alpha\gamma][al]-[\beta\gamma][bl]-[\gamma\gamma][cl]-\cdots \\
&\cdots\cdots
\end{aligned} \qquad (8)$$

を得る．これから
$$\left.\begin{aligned}
[\alpha\alpha]\mathfrak{A}+[\alpha\beta]\mathfrak{B}+[\alpha\gamma]\mathfrak{C}+\cdots &=A \\
[\alpha\beta]\mathfrak{A}+[\beta\beta]\mathfrak{B}+[\beta\gamma]\mathfrak{C}+\cdots &=B \\
[\alpha\gamma]\mathfrak{A}+[\beta\gamma]\mathfrak{B}+[\gamma\gamma]\mathfrak{C}+\cdots &=C \\
\cdots\cdots
\end{aligned}\right\} \qquad (9)$$

とおけば
$$K=k-A[al]-B[bl]-C[cl]-\cdots$$

を得る．あるいはさらに
$$\left.\begin{aligned}
aA+bB+cC+\cdots &= p\varepsilon \\
a'A+b'B+c'C+\cdots &= p'\varepsilon' \\
a''A+b''B+c''C+\cdots &= p''\varepsilon'' \\
\cdots\cdots
\end{aligned}\right\} \qquad (10)$$

とおけば
$$K=k-l\varepsilon-l'\varepsilon'-l''\varepsilon''-\cdots \qquad (11)$$

となる．

9

方程式 (7) と (9) を比較すれば，補助量 $A, B, C, \cdots$ は変数 $\xi, \eta, \zeta, \cdots$ の値 $\xi=\mathfrak{A}, \eta=\mathfrak{B}, \zeta=\mathfrak{C}, \cdots$ に対応する変数 $x, y, z, \cdots$ の値であることがわかる．これより
$$\left.\begin{aligned}
{[aa]}A+[ab]B+[ac]C+\cdots &= \mathfrak{A} \\
{[ab]}A+[bb]B+[bc]C+\cdots &= \mathfrak{B}
\end{aligned}\right\} \qquad (12)$$

$$[ac]A+[bc]B+[cc]C+\cdots=\mathfrak{C}$$
......

が得られる．そこで方程式(10)にそれぞれ $\dfrac{a}{p},\ \dfrac{a'}{p'},\ \dfrac{a''}{p''},\ \cdots$ をかけて加えれば

同様に
$$\begin{aligned}\mathfrak{A} &= a\varepsilon + a'\varepsilon' + a''\varepsilon'' + \cdots \\ \mathfrak{B} &= b\varepsilon + b'\varepsilon' + b''\varepsilon'' + \cdots \\ \mathfrak{C} &= c\varepsilon + c'\varepsilon' + c''\varepsilon'' + \cdots \\ &\cdots\cdots \end{aligned} \quad (13)$$

を得る．いま $\mathfrak{A}$ は関数 X の値だから，$v, v', v'', \cdots$ として観測値を代入する場合に，これら観測値にそれぞれ修正量 $-\varepsilon, -\varepsilon', -\varepsilon'', \cdots$ を加えれば，関数 X は値 0 をとることが容易にわかる．したがって，このとき同様に関数 $Y, Z, \cdots$ も 0 とみなされる．この方法で，方程式(11)から，K は同じ代入によって生ずる関数 u の値であると結論することができる．

観測値につけ加えられる修正量 $-\varepsilon, -\varepsilon', -\varepsilon'', \cdots$ を**観測の補正**と名づけよう．そのときいま示された方法で補正された観測値はすべての条件方程式を正確に満たすこと，およびこれら観測値に何らかの方法で従属なおのおのの量があたかも不変な観測の最適な組合せからもたらされるかの如き値をとるという非常に重要な結果を得ることが明らかになった．したがって，誤差 $e, e', e'', \cdots$ 自身を条件方程式から決定することが方程式の個数が十分でないため不可能であるときでも，我々は少くとも**最適誤差**（この名称を我々は量 $\varepsilon, \varepsilon', \varepsilon'', \cdots$ に与える．）を得ることができた．

10

我々は観測の個数を条件方程式の個数よりも大きいと仮定しているから，最適な修正値の系 $-\varepsilon, -\varepsilon', -\varepsilon'', \cdots$ の他に条件方程式をみたす他の系が無数に多く見出される．そして前者と後者がどのような関係にあるかを調べることは価値のあることである．そこで $-E, -E', -E'', \cdots$ を最適な修正値の系とは異なる系とすれば

$$\begin{aligned} aE + a'E' + a''E'' + \cdots &= \mathfrak{A} \\ bE + b'E' + b''E'' + \cdots &= \mathfrak{B} \\ cE + c'E' + c''E'' + \cdots &= \mathfrak{C} \end{aligned}$$

を得る．これらの方程式にそれぞれ $A, B, C, \cdots$ をかけそれらを加えれば，方程式(10)を用いて
$$p\varepsilon E + p'\varepsilon' E' + p''\varepsilon'' E'' + \cdots = A\mathfrak{A} + B\mathfrak{B} + C\mathfrak{C} + \cdots$$
を得る．まったく同様な方法で，方程式(13)から
$$p\varepsilon^2 + p'\varepsilon'^2 + p''\varepsilon''^2 + \cdots = A\mathfrak{A} + B\mathfrak{B} + C\mathfrak{C} + \cdots \tag{14}$$
が示される．これら二つの方程式から簡単に
$$pE^2 + p'E'^2 + p''E''^2 + \cdots$$
$$= p\varepsilon^2 + p'\varepsilon'^2 + p''\varepsilon''^2 + \cdots + p(E-\varepsilon)^2 + p'(E'-\varepsilon')^2$$
$$+ p''(E''-\varepsilon'')^2 + \cdots$$
が示される．したがって，和 $pE^2 + p'E'^2 + p''E''^2 + \cdots$ は和 $p\varepsilon^2 + p'\varepsilon'^2 + p''\varepsilon''^2 + \cdots$ よりも必然的に**大きく**なる．このことを次のように表現することができる．

定理 観測に関連する重みと，観測と条件方程式を一致させようとする修正値の平方との積の和は，最適な修正値を用いるとき最小になる．

これこそ**最小2乗原理**であって，これによりまた等式(12)と(10)を直接導くことができる．さらに式(14)は，これらに対する最小和を示している．これは $\mathfrak{A}A + \mathfrak{B}B + \mathfrak{C}C + \cdots$ で表現され，今後我々はこれを S で表わすことにする．

11

最適な誤差を決定する方法は係数 $l, l', l'', \cdots$ とは無関係に行なえるから，明らかに観測を用いて行なおうとする種々の方法に対し，それはもっとも便利な手段を提供する．さらにこの作業のためには**未定消去法**や係数 $[\alpha\alpha], [\alpha\beta], \cdots$ の値は不必要であり，単にただ補助量 $A, B, C, \cdots$ を方程式(12)から確定消去法によって導き，式(10)に代入すればよいことは明らかである．我々は今後 $A, B, C, \cdots$ を条件方程式 $X=0, Y=0, Z=0, \cdots$ の**相関**と呼ぶことにする．

ところでこの方法は，ただ観測に従属な量の最適値を求めようとするときは実際上まったく申し分ないけれども，何かある確定の重みを求めようとするときは事情が変る．なぜならば，この場合には各所でこれまで与えた多くの式を用いてもなお量 $L, L', L'', \cdots$ の値か少なくとも $x^0, y^0, z^0, \cdots$ の値は必要だからである．このことから消去の手段を一層厳密に求めることは有要なことであり，これによってまた重みを求めるためのより便利な道が開かれる．

12

この研究によって得られる諸量の間の関係は，本質的には2次の一般的な関数

$$[aa]x^2+2[ab]xy+2[ac]xz+\cdots$$
$$+[bb]y^2+2[bc]yz+\cdots+[cc]z^2+\cdots$$

の導入によって示される．この関数を T で表わすことにする．まず第一に，この関数は明らかに

$$\left.\begin{array}{c}\dfrac{(ax+by+cz+\cdots)^2}{p}+\dfrac{(a'x+b'y+c'z+\cdots)^2}{p'}\\+\dfrac{(a''x+b''y+c''z+\cdots)^2}{p''}+\cdots\end{array}\right\} \quad (15)$$

に等しい．

また明らかに

$$T=x\xi+y\eta+z\zeta+\cdots \quad (16)$$

であり，ここでさらに $x, y, z, \cdots$ を等式(7)を用いて $\xi, \eta, \zeta, \cdots$ で表わせば

$$T=[\alpha\alpha]\xi^2+2[\alpha\beta]\xi\eta+2[\alpha\gamma]\xi\zeta+\cdots$$
$$+[\beta\beta]\eta^2+2[\beta\gamma]\eta\zeta+\cdots+[\gamma\gamma]\zeta+\cdots$$

となる．

上で説明した理論は，量 $x, y, z, \cdots$ および $\xi, \eta, \zeta, \cdots$ の確定値に関してそれぞれ二つの系を含んでいる．第1の系は $x=x^0, y=y^0, z=z^0, \cdots$ および $\xi=-[al], \eta=-[bl], \zeta=-[cl], \cdots$ であり，T の値

$$T=[ll]-\frac{1}{P}$$

に対応している．これは重み P についての第3の表現と等式(16)を比較するか，それとも第4の表現から明らかとなる．第2の系は $x=A, y=B, z=C, \cdots$ および $\xi=\mathfrak{A}, \eta=\mathfrak{B}, \zeta=\mathfrak{C}, \cdots$ であり，値 $T=S$ に対応している．これは式(10)と(15)からも，あるいは(14)と(16)からも明らかである．

13

我々の主たる仕事は，「天体運動論」182節(本訳書Ⅲ 11節)およびさらに詳しく「Pallas の軌道要素についての研究」で述べたと同様な，関数 T についての変換を確立することである．そこで次のようにおく：

$$
\left.\begin{aligned}
&[bb,\ 1] = [bb] - \frac{[ab]^2}{[aa]} \\
&[bc,\ 1] = [bc] - \frac{[ab][ac]}{[aa]} \\
&[bd,\ 1] = [bd] - \frac{[ab][ad]}{[aa]} \\
&\cdots\cdots \\
&[cc,\ 2] = [cc] - \frac{[ac]^2}{[aa]} - \frac{[bc,1]^2}{[bb,1]} \\
&[cd,\ 2] = [cd] - \frac{[ac][ad]}{[aa]} - \frac{[bc,1][bd,1]}{[bb,1]} \\
&\cdots\cdots \\
&[dd,\ 3] = [dd] - \frac{[ad]^2}{[aa]} - \frac{[bd,1]^2}{[bb,1]} - \frac{[cd,2]^2}{[cc,2]} \\
&\cdots\cdots \\
&\cdots\cdots.
\end{aligned}\right\} \quad (17)
$$

このとき

$$
\begin{aligned}
&[bb,1]y + [bc,1]z + [bd,1]w + \cdots = \eta' \\
&[cc,2]z + [cd,2]w + \cdots = \zeta'' \\
&[dd,3]w + \cdots = \varphi''' \\
&\cdots\cdots
\end{aligned}
$$

とおけば*)

$$
T = \frac{\xi^2}{[aa]} + \frac{\eta'^2}{[bb,1]} + \frac{\zeta''^2}{[cc,2]} + \frac{\varphi'''^2}{[dd,3]} + \cdots
$$

となり,また量 $\eta', \zeta'', \varphi''', \cdots$ と $\xi, \eta, \zeta, \varphi, \cdots$ との従属関係が次の等式によって表わされる:

$$
\eta' = \eta - \frac{[ab]}{[aa]}\xi
$$

$$
\zeta'' = \zeta - \frac{[ac]}{[aa]}\xi - \frac{[bc,1]}{[bb,1]}\eta'
$$

---

*) これまでは, 種々の変数系のうち, 最初の3個の条件方程式に関係する3個の文字を示すだけで十分であった. しかしここでは, アルゴリズムの法則をより明確にさせるために, 第4の文字を追加するのがよいように思われる. これについて, 文字 a, b, c ; A, B, C ; $\mathfrak{A}, \mathfrak{B}, \mathfrak{C}$ に対しては自然の順序でおのずから $d, D, \mathfrak{D}$ がつづくのに対して, 列 x, y, z にはアルファベットがないので w を, また ξ, η, ζ には φ を加えることにする.

$$\varphi''' = \varphi - \frac{[ad]}{[aa]}\xi - \frac{[bd,1]}{[bb,1]}\eta' - \frac{[cd,2]}{[cc,2]}\zeta''$$
……．

これらから，いまや我々の目的に必要なすべての式が容易に推定される．すなわち相関 $A, B, C, \cdots$ を決定するために

$$\left.\begin{aligned}\mathfrak{B}' &= \mathfrak{B} - \frac{[ab]}{[aa]}\mathfrak{A} \\ \mathfrak{C}'' &= \mathfrak{C} - \frac{[ac]}{[aa]}\mathfrak{A} - \frac{[bc,1]}{[bb,1]}\mathfrak{B}' \\ \mathfrak{D}''' &= \mathfrak{D} - \frac{[ad]}{[aa]}\mathfrak{A} - \frac{[bd,1]}{[bb,1]}\mathfrak{B}' - \frac{[cd,2]}{[cc,2]}\mathfrak{C}'' \\ \cdots\cdots & \end{aligned}\right\} \quad (18)$$

とおくと，これらより $A, B, C, D, \cdots$ が式

$$\left.\begin{aligned}[aa]A + [ab]B + [ac]C + [ad]D + \cdots &= \mathfrak{A} \\ [bb,1]B + [bc,1]C + [bd,1]D + \cdots &= \mathfrak{B}' \\ [cc,2]C + [cd,2]D + \cdots &= \mathfrak{C}'' \\ [dd,3]D + \cdots &= \mathfrak{D}''' \\ \cdots\cdots & \end{aligned}\right\} \quad (19)$$

から得られる．しかも最後の式から始めて逆の順序で定まる．和 S については新しい式

$$S = \frac{\mathfrak{A}^2}{[aa]} + \frac{\mathfrak{B}'^2}{[bb,1]} + \frac{\mathfrak{C}''^2}{[cc,2]} + \frac{\mathfrak{D}'''^2}{[dd,3]} + \cdots \quad (20)$$

を得る．最後に関数 u によって表わされる量の最適な確定値を与える重み P を求めるために

$$\left.\begin{aligned}[bl,1] &= [bl] - \frac{[ab][al]}{[aa]} \\ [cl,2] &= [cl] - \frac{[ac][al]}{[aa]} - \frac{[bc,1][bl,1]}{[bb,1]} \\ [dl,3] &= [dl] - \frac{[ad][al]}{[aa]} - \frac{[bd,1][bl,1]}{[bb,1]} - \frac{[cd,2][cl,2]}{[cc,2]} \\ \cdots\cdots & \end{aligned}\right\} \quad (21)$$

とおくと

$$\frac{1}{P} = [ll] - \frac{[al]^2}{[aa]} - \frac{[bl,1]^2}{[bb,1]} - \frac{[cl,2]^2}{[cc,2]} - \frac{[dl,3]^2}{[dd,3]} - \cdots \quad (22)$$

を得る．

(17)から(22)までの式は，どの関係についても我々の課題の完全な解を含んでおり，これ以上の簡素化は望む必要がないであろう．

14

我々は主たる課題を解決したのについて，この主題をさらに明確にさせるいくつかの周辺の課題を扱おうと思う．

まず第一に，$x, y, z, \cdots$ を $\xi, \eta, \zeta, \cdots$ から導く消去法が可能かどうかを調べなければならない．これはもし関数 $\xi, \eta, \zeta, \cdots$ が互いに独立でない場合には明らかに可能なはずである．したがって目下のところそれらの中の一つが残りによってすでに定まっているものと仮定する．すなわち恒等式

$$\alpha\xi + \beta\eta + \gamma\zeta + \cdots = 0$$

が成り立つとする．ここに $\alpha, \beta, \gamma, \cdots$ は定数を表わす．そうすれば

$$\alpha[aa] + \beta[ab] + \gamma[ac] + \cdots = 0$$
$$\alpha[ab] + \beta[bb] + \gamma[bc] + \cdots = 0$$
$$\alpha[ac] + \beta[bc] + \gamma[cc] + \cdots = 0$$
$$\cdots\cdots$$

となる．いま

$$\alpha a + \beta b + \gamma c + \cdots = p\Theta$$
$$\alpha a' + \beta b' + \gamma c' + \cdots = p'\Theta'$$
$$\alpha a'' + \beta b'' + \gamma c'' + \cdots = p''\Theta''$$
$$\cdots\cdots$$

とおけば，これらよりおのずから

$$a\Theta + a'\Theta' + a''\Theta'' + \cdots = 0$$
$$b\Theta + b'\Theta' + b''\Theta'' + \cdots = 0$$
$$c\Theta + c'\Theta' + c''\Theta'' + \cdots = 0$$
$$\cdots\cdots$$

が成り立ち，さらに一つの方程式

$$p\Theta^2 + p'\Theta'^2 + p''\Theta''^2 + \cdots = 0$$

が成り立つ．ここに $p, p', p'', \cdots$ はその性質上正の量であるから，明らかにこの方程式は $\Theta = 0, \Theta' = 0, \Theta'' = 0, \cdots$ でない限り成り立たない．

さて我々は観測に関連する量 $v, v', v'', \cdots$ の値に対応する全微分 $dX, dY, dZ, \cdots$ の値を考察する．これらの微分すなわち

$$adv + a'dv' + a''dv'' + \cdots$$

$$bdv+b'dv'+b''dv''+\cdots$$
$$cdv+c'dv'+c''dv''+\cdots$$
$$\cdots\cdots$$

は我々が前に導いた結果より互いに従属であるから，適当な数 $\alpha, \beta, \gamma, \cdots$ をかけたそれらの和は恒等的に 0 にならなければならない．あるいは同じことであるが，それらの中のどの一つも（少なくともそれに対応する因数 $\alpha, \beta, \gamma, \cdots$ が 0 でない限り）残りすべてが 0 であると仮定されるときただちに 0 とならなければならない．したがって，条件方程式 $X=0, Y=0, Z=0, \cdots$ の中の（少なくとも）一つは，残りが満たされるときおのずから満たされるから**不必要**となる．

さらにこのことをより厳密に探究すれば，この結果はそれ自体としては変数のきわめて小さな変動範囲に対してのみ当てはまることが明らかである．ところで本来は次の二つの場合は区別されるべきである．第 1 は条件方程式 $X=0, Y=0, Z=0, \cdots$ の一つが無条件かつ一般的にすでに残りの方程式に含まれている場合で，それぞれ個々の場合には容易にそれを取り去ることができる．第 2 は観測に関連する量 $v, v', v'', \cdots$ の確定値に対して，関数 $X, Y, Z, \cdots$ の一つ，たとえば最初の X が，方程式 $Y=0, Z=0, \cdots$ を妨げることなく量 $v, v', v'', \cdots$ に与えることができるすべての変動に関して，いわばたまたま最大値あるいは最小値（あるいはより一般に停留値）をとる場合である．しかしながら我我の研究においては量の変動性はきわめて狭い範囲で考えられるべきだから，それは無限小として扱うことができる．したがって（実際には滅多におこることのない）この第 2 の場合は第 1 の場合と同様な影響しかもたないとされる．すなわち条件方程式の一つは不必要として棄却することになるだろう．したがって，我々はとりあげられたすべての条件方程式が，ここで仮定した意味において互いに独立であるならば，たしかに消去は必然的に可能でなければならないとすることができる．この主題のより詳しい研究は，実用性よりもむしろ理論的な美しさで価値があるものであるが，我々はこれを他の機会まで保留しなければならない．

15

以前の論文の 37 節以下で，我々は観測の後でその精密さをできる限り厳密に決定する方法を示した．すなわち，それぞれ ρ 個の要素に従属な π 個の量の近似値が同じ精密さの観測から見出されたとする．これらと ρ 個の要素の最

適値から計算によって得られた値とを比べ，その差の平方を加え，かつこの和を $\pi-\rho$ で割る．そのときこの商を，この種の観測群に附随する平均誤差の平方の近似値とみなすことができた．観測が同じ精密さでないならば，この方法は平方に観測の重みをかけて加えるというように修正される．そうすれば前に得られたのは，重みが1である観測の平均誤差とみなすことができる．

いま当面の研究ではその和は明らかに和 S と一致しており，差 $\pi-\rho$ は条件方程式の個数 σ と一致している．したがって重み1の観測の平均誤差として $\sqrt{\dfrac{S}{\sigma}}$ を得る．この確定は，個数 σ が大きければ大きいほどより大きな信頼がおけるのは当然である．

しかしこの S がまた前の研究とは無関係に定まることも注意すべきことである．このためにはいくらかの新しい記号を導入するのが好ましい．すなわち変数 $\xi, \eta, \zeta, \cdots$ の値
$$\xi = a, \quad \eta = b, \quad \zeta = c, \cdots$$
に $x, y, z, \cdots$ の値
$$x \cdots \alpha, \quad y = \beta, \quad z = \gamma, \cdots$$
を対応させる．そうすれば
$$\alpha = a[\alpha\alpha] + b[\alpha\beta] + c[\alpha\gamma] + \cdots$$
$$\beta = a[\alpha\beta] + b[\beta\beta] + c[\beta\gamma] + \cdots$$
$$\gamma = a[\alpha\gamma] + b[\beta\gamma] + c[\gamma\gamma] + \cdots$$
$$\cdots\cdots$$
となる．同様に値
$$\xi = a', \quad \eta = b', \quad \zeta = c', \cdots$$
に
$$x = \alpha', \quad y = \beta', \quad z = \gamma', \cdots$$
を対応させ，
$$\xi = a'', \quad \eta = b'', \quad \zeta = c'', \cdots$$
に
$$x = \alpha'', \quad y = \beta'', \quad z = \gamma'', \cdots$$
を対応させ以下同様にする．

この仮定のもとで，方程式(4)と(9)の組合せにより
$$A = \alpha e + \alpha' e' + \alpha'' e'' + \cdots$$
$$B = \beta e + \beta' e' + \beta'' e'' + \cdots$$

$$C = \gamma e + \gamma' e' + \gamma'' e'' + \cdots$$
$$\cdots\cdots$$

を得る．ところで $S = \mathfrak{A}A + \mathfrak{B}B + \mathfrak{C}C + \cdots$ だから明らかに

$$S = (ae + a'e' + a''e'' + \cdots)(\alpha e + \alpha' e' + \alpha'' e'' + \cdots)$$
$$+ (be + b'e' + b''e'' + \cdots)(\beta e + \beta' e' + \beta'' e'' + \cdots)$$
$$+ (ce + c'e' + c''e'' + \cdots)(\gamma e + \gamma' e' + \gamma'' e'' + \cdots)$$
$$+ \cdots\cdots$$

となる．

16

観測によって偶発的誤差 $e, e', e'' \cdots$ を伴う量 $v, v', v'' \cdots$ の値を得ることは，個々に生ずる誤差の量を示す代りに以前に説明した方法を適用することによって，量 S の一つの値を得るための試行とみなすことができる．ここに S は上で求めた式に従う，それら誤差の与えられた関数である．そのような試行において，たしかにあるときは大きくまたあるときは小さい偶発的誤差が生じることだろう．しかしある試行で誤差が多くあればあるほどそれだけ量 S の値がそれらの平均値から僅かしか違わないという期待が大きくなる．したがって，とりわけ量 S の平均値をはっきり示すことが問題となる．ここでは再びくり返す必要はないけれども，我々が以前の論文で示した原理によって，これらの平均値は

$$(a\alpha + b\beta + c\gamma + \cdots)m^2 + (a'\alpha' + b'\beta' + c'\gamma' + \cdots)m'^2$$
$$+ (a''\alpha'' + b''\beta'' + c''\gamma'' + \cdots)m''^2 + \cdots$$

であることがわかる．重み1の観測の平均誤差を μ で表わすならば $\mu^2 = pm^2 = p'm'^2 = p''m''^2 = \cdots$ であり，したがって上で得られた式は次の形にすることができる：

$$\left(\frac{a\alpha}{p} + \frac{a'\alpha'}{p'} + \frac{a''\alpha''}{p''} + \cdots\right)\mu^2 + \left(\frac{b\beta}{p} + \frac{b'\beta'}{p'} + \frac{b''\beta''}{p''} + \cdots\right)\mu^2$$
$$+ \left(\frac{c\gamma}{p} + \frac{c'\gamma'}{p'} + \frac{c''\gamma''}{p''} + \cdots\right)\mu^2 + \cdots.$$

ここで和 $\dfrac{a\alpha}{p} + \dfrac{a'\alpha'}{p'} + \dfrac{a''\alpha''}{p''} + \cdots$ は

$$[aa][\alpha\alpha] + [ab][\alpha\beta] + [ac][\alpha\gamma] + \cdots$$

と等しくなり，したがって方程式(6)と(7)の関連から容易に推察できるように

1に等しい．同様に
$$\frac{b\beta}{p}+\frac{b'\beta'}{p'}+\frac{b''\beta''}{p''}+\cdots=1$$
$$\frac{c\gamma}{p}+\frac{c'\gamma'}{p'}+\frac{c''\gamma''}{p''}+\cdots=1$$
以下同様である．

これより S の平均値は結局 $\sigma\mu^2$ であり，S の偶然の値を平均値として採用してよいときには $\mu=\sqrt{\dfrac{S}{\sigma}}$ となる．

17

この確定がどれほど大きな信頼に値するかを，そのときの，あるいはその平方のときの平均誤差に従って決定しなければならない．

後者は式
$$\left(\frac{S}{\sigma}-\mu^2\right)^2$$
の平均値の平方根であり，このことの説明は以前の論文の 39 節以下で示されたのと同様な計算によって得られる．我々はこれをここでは簡略のため差し控え，ただ式だけを示しておく．すなわち平方 μ^2 を確定するときの誤差は
$$\sqrt{\frac{2\mu^4}{\sigma}+\frac{\nu^4-3\mu^4}{\sigma^2}N}$$
によって表わされる．ここに ν^4 は重み 1 の誤差の 4 乗の平均値であり，N は和
$$(a\alpha+b\beta+c\gamma+\cdots)^2+(a'\alpha'+b'\beta'+c'\gamma'+\cdots)^2$$
$$+(a''\alpha''+b''\beta''+c''\gamma''+\cdots)^2+\cdots$$
を表わすものとする．この和は一般には簡単な形にすることはできないが，しかし以前の論文の 40 節におけるのと同様な方法でその値がつねに限界 π と $\dfrac{\sigma^2}{\pi}$ の間になければならないことを示すことができる．最初に最小 2 乗法が基礎づけられた仮定のもとではこの和を含んでいる項はまったくない．なぜならばそのとき $\nu^4=3\mu^4$ となるからである．その際に式 $\sqrt{\dfrac{S}{\sigma}}$ によって定められる平均誤差に添えられる精密さは，あたかもそれが以前の論文の 15 節および 16 節に従って σ 個の正確に知られた誤差から見出されかの如きものである．

18

　観測の補正を得るためには，前に調べたように二つのことが必要である．第1は条件方程式の相関すなわち方程式(12)を満たす数 $A, B, C, \cdots$ を見つけ出すこと，第2はこれらの数を方程式(10)に代入することである．このようにして得られた補正は**完全である**あるいは**完備である**と呼ばれ，**完全でない**あるいは**完備でない**ものと区別される．すなわちこの後者の呼び方は，同一の方程式(10)から得られるけれども，量 $A, B, C, \cdots$ の値が方程式(12)を一部しかあるいは一つも満たさないものを表わすものとする．そして式(10)の中にも含まれることのない観測のそのような変化は当面の研究では除外するべきであり，補正という名称もまた用いられるべきではない．方程式(10)が満たされる限り方程式(13)は方程式(12)と完全に同義であるから，上の区別は次のように述べることができる．すなわち完備でかつ補正された観測値はすべての条件方程式 $X=0, Y=0, Z=0, \cdots$ を満たす．しかし完備でない補正された観測値は，それらを一つもあるいは少なくとも全部は満たさない．したがってすべての条件方程式を満たす補正は，おのずから必然的に完備である．

19

　二つの補正の和がまた一つの補正をつくることは，補正の概念よりおのずから導かれるので，完全な補正を得るための方法を直接最初の観測に適用するかそれともすでに完備でない補正された観測に適用するかはどちらでもよいことが簡単にわかる．

　実際

$$\left.\begin{array}{l} \Theta p = A^0 a + B^0 b + C^0 c + \cdots \\ \Theta' p' = A^0 a' + B^0 b' + C^0 c' + \cdots \\ \Theta'' p'' = A^0 a'' + B^0 b'' + C^0 c'' + \cdots \\ \cdots\cdots \end{array}\right\} \quad (\mathrm{I})$$

から生ずる $-\Theta, -\Theta', -\Theta'', \cdots$ が完備でない補正の系を形成するものとする．この補正によって変えられた観測値は条件方程式のすべては満たさないと仮定されている．そこで $\mathfrak{A}^*, \mathfrak{B}^*, \mathfrak{C}^*, \cdots$ をそれら観測値を代入することによって得られる $X, Y, Z, \cdots$ の値とする．このとき方程式

$$\left.\begin{array}{l}\mathfrak{A}^*=A^*[aa]+B^*[ab]+C^*[ac]+\cdots\\ \mathfrak{B}^*=A^*[ab]+B^*[bb]+C^*[bc]+\cdots\\ \mathfrak{C}^*=A^*[ac]+B^*[bc]+C^*[cc]+\cdots\\ \cdots\cdots\end{array}\right\} \quad (\mathrm{I})$$

を満たす数 $A^*, B^*, C^*, \cdots$ が求まったとする．そうすれば，その方法で変えられた観測の完備な補正として，式

$$\left.\begin{array}{l}\kappa p = A^*a + B^*b + C^*c+\cdots\\ \kappa' p' = A^*a' + B^*b' + C^*c' +\cdots\\ \kappa'' p'' = A^*a'' + B^*b'' + C^*c'' +\cdots\\ \cdots\cdots\end{array}\right\} \quad (\mathrm{III})$$

より計算される新しい修正量 $-\kappa, -\kappa', -\kappa'', \cdots$ が得られる．我々はいまこれらの修正値が最初の完備な補正といかに関連しているかを調べようと思う．まず第一に

$$\begin{array}{l}\mathfrak{A}^*=\mathfrak{A}-a\Theta-a'\Theta'-a''\Theta''-\cdots\\ \mathfrak{B}^*=\mathfrak{B}-b\Theta-b'\Theta'-b''\Theta''-\cdots\\ \mathfrak{C}^*=\mathfrak{C}-c\Theta-c'\Theta'-c''\Theta''-\cdots\\ \cdots\cdots\end{array}$$

が成り立つことは明らかである．これらの等式に $\Theta, \Theta', \Theta'', \cdots$ には（I）からの値を，また $\mathfrak{A}^*, \mathfrak{B}^*, \mathfrak{C}^*, \cdots$ には（II）からの値を代入すれば

$$\begin{array}{l}\mathfrak{A}=(A^0+A^*)[aa]+(B^0+B^*)[ab]+(C^0+C^*)[ac]+\cdots\\ \mathfrak{B}=(A^0+A^*)[ab]+(B^0+B^*)[bb]+(C^0+C^*)[bc]+\cdots\\ \mathfrak{C}=(A^0+A^*)[ac]+(B^0+B^*)[bc]+(C^0+C^*)[cc]+\cdots\\ \cdots\cdots\end{array}$$

を得る．これより条件方程式(12)を満たす相関は

$$A=A^0+A^*, \quad B=B^0+B^*, \quad C=C^0+C^*, \cdots$$

であることがわかる．このことより，等式(10)，（I）および（III）から

$$\varepsilon=\Theta+\kappa, \quad \varepsilon'=\Theta'+\kappa', \quad \varepsilon''=\Theta''+\kappa'', \cdots$$

であること，すなわち観測の補正は完備でない補正をもとにした直接の計算の際も間接の計算の際も同様に完備となることが示される．

20

条件方程式の個数があまりにも多いときは，直接の消去法によって相関 $A,$

$B, C, \cdots$ を決定することは，非常に膨大な計算を伴い計算者はそれに耐えることができなくなる．そのようなときは，前節で得た定理を用いて順次の近似によって完備な補正を見出す方法がしばしばうまくいく．条件方程式を二つあるいはそれ以上のグループに分け，まず最初に第1のグループの方程式を満たし残りは無視する補正を求める．つぎにこの補正によって変えられた観測を，ただ第2のグループの方程式にのみあてはめて計算をする．一般に補正の第2の系を持ち込むことによって，第1のグループの方程式との一致が妨げられる．したがって，もしただ二つのグループがつくられているだけならば第1のグループの方程式にもどりこれらを満たす第3の系を決定する．そこで我々は3度修正された観測を第2のグループの方程式のみ考慮に入れた第4の補正にとり入れる．このように我々は第1のグループと第2のグループを交互に考慮することによって，つぎつぎと減っていく補正を得る．そしてグループの分割がたくみに行われるならば，我々は最小のくり返しで確かな数に達するであろう．二つよりも多くのグループが作られるとしてもこの事はよく似たように行われる．すなわち個々のグループは順々に計算に加わり，最後にきたら再び最初にもどって，以下同様にくり返される．ここでたとえこの方法の指示が満たされても，この成果はたしかに適用の巧拙に大きく左右される．

21

我々は8節で仮定した主張の証明を行うことを残している．この際なお一層はっきりさせるために，この証明にとって有用な他の多くの関係を用いようと思う．

そこで $x^0, x', x'', x''', \cdots$ を変数とし，方程式

$$n^{00}x^0 + n^{01}x' + n^{02}x'' + n^{03}x''' + \cdots = X^0$$
$$n^{10}x^0 + n^{11}x' + n^{12}x'' + n^{13}x''' + \cdots = X'$$
$$n^{20}x^0 + n^{21}x' + n^{22}x'' + n^{23}x''' + \cdots = X''$$
$$n^{30}x^0 + n^{31}x' + n^{32}x'' + n^{33}x'' + \cdots = X''$$
$$\cdots\cdots$$

から消去法により

$$N^{00}X^0 + N^{01}X' + N^{02}X'' + N^{03}X''' + \cdots = x^0$$
$$N^{10}X^0 + N^{11}X' + N^{12}X'' + N^{13}X''' + \cdots = x'$$
$$N^{20}X^0 + N^{21}X' + N^{22}X'' + N^{23}X''' + \cdots = x''$$

$$N^{30}X^0+N^{31}X'+N^{32}X''+N^{33}X'''+\cdots=x'''$$
$$\cdots\cdots$$

が導かれたと仮定する.

したがって第2の系の最初と2番目の方程式に第1の系からの量 X^0, X', $X'', X''', \cdots$ の値を代入すれば

$$\begin{aligned}x^0=&N^{00}(n^{00}x^0+n^{01}x'+n^{02}x''+n^{03}x'''+\cdots)\\&+N^{01}(n^{10}x^0+n^{11}x'+n^{12}x''+n^{13}x'''+\cdots)\\&+N^{02}(n^{20}x^0+n^{21}x'+n^{22}x''+n^{23}x'''+\cdots)\\&+N^{03}(n^{30}x^0+n^{31}x'+n^{32}x''+n^{33}x'''+\cdots)\\&+\cdots\cdots\end{aligned}$$

および

$$\begin{aligned}x'=&N^{10}(n^{00}x^0+n^{01}x'+n^{02}x''+n^{03}x'''+\cdots)\\&+N^{11}(n^{10}x^0+n^{11}x'+n^{12}x''+n^{13}x'''+\cdots)\\&+N^{12}(n^{20}x^0+n^{21}x'+n^{22}x''+n^{23}x'''+\cdots)\\&+N^{13}(n^{30}x^0+n^{31}x'+n^{32}x''+n^{33}x'''+\cdots)\\&+\cdots\cdots\end{aligned}$$

を得る.

これら両方の方程式のおのおのは明らかに恒等式でなければならないから, 最初の式にも2番目の式にも $x^0, x', x'', \cdots$ として任意の確定値を代入することができる.

そこで最初の式には

$$x^0=N^{10}, \quad x'=N^{11}, \quad x''=N^{12}, \quad x'''=N^{13}, \cdots$$

2番目の式には

$$x^0=N^{00}, \quad x'=N^{01}, \quad x''=N^{02}, \quad x'''=N^{03}, \cdots$$

を代入する. これより差をとれば

$$\begin{aligned}N^{10}-N^{01}=&(N^{00}N^{11}-N^{10}N^{01})(n^{01}-n^{10})\\&+(N^{00}N^{12}-N^{10}N^{02})(n^{02}-n^{20})\\&+(N^{00}N^{13}-N^{10}N^{03})(n^{03}-n^{30})\\&+\cdots\\&+(N^{01}N^{12}-N^{11}N^{02})(n^{12}-n^{21})\\&+(N^{01}N^{13}-N^{11}N^{03})(n^{13}-n^{31})\\&+\cdots\cdots\end{aligned}$$

$$+(N^{02}N^{13}-N^{12}N^{03})(n^{23}-n^{32})+\cdots+\cdots$$

が得られる．この等式はまた

$$N^{10}-N^{01}=\sum[N^{0\alpha}N^{1\beta}-N^{1\alpha}N^{0\beta}](n^{\alpha\beta}-n^{\beta\alpha})$$

と書くこともできる．ここに $\alpha\beta$ は等しくない指数のすべての組合せを表わすものとする．

これよりもし

$$n^{01}=n^{10},\quad n^{02}=n^{20},\quad n^{03}=n^{30},\quad n^{12}=n^{21},\quad n^{13}=n^{31},\quad n^{23}=n^{32},\cdots$$

あるいは一般に

$$n^{\alpha\beta}=n^{\beta\alpha}$$

であれば，また

$$N^{10}=N^{01}$$

であることもいえる．しかるに与えられた方程式における変数の順序は任意であるから，明らかに前記の仮定のもとで一般に

$$N^{\alpha\beta}=N^{\beta\alpha}$$

となる．

22

この研究で述べられた方法は，おもに高度の測地学の計算に便利なものとしてしばしば適用されるのを見る．そこで我々はこれからとられたいくつかの例を用いてこの方法を説明するのを読者が嫌わないように願っている．

一組の三角形の角の間の条件を表わす方程式は主として三つの要因が推定される．

1. 同一頂点のまわりの完全な一回りについて，水平線を見通す水平角の和は4直角に等しくなくてはならない．

2. 三角形が一つの曲面の上に置かれているとき，それぞれの三角形における三つの角の和の2直角を超える余りは，それが完全に正確であるとみなされるほど厳密に計算することができる．したがってその和はある与えられた量に等しい．

3. 第3の要因は一つの閉じた鎖をつくる三角形の辺の比から生ずる．いま次のように連結されている三角形の列をとる．すなわち2番目の三角形は，最初の三角形と辺 a を3番目の三角形と他の辺 b を共有し，同様に4番目の三角形は，3番目と辺 c を5番目とは辺 d を共有する．このようにつづけて最後

の三角形は，その前の三角形と辺 k を，そして再び最初の三角形にもどって辺 l を共有するものとする．

このとき商

$$\frac{a}{l}, \frac{b}{a}, \frac{c}{b}, \frac{d}{c}, \cdots, \frac{l}{k}$$

の値は，よく知られた方法で互いに続いている三角形上のそれぞれ二つずつの共有辺に対する角から得られるであろう．そしてこれら分数の積は1だから，それらの角（三角形が曲面に置かれているときはそれぞれ球面あるいは扁球面上の超過の $\frac{1}{3}$ だけ減らす）の正弦の間の条件方程式が得られる．

さらにより複雑な三角形の網では，第2種あるいは第3種の条件方程式が必要数よりも多く現われることがよくおこる．それは同じものの一部が他の中にすでに含まれているからである．これに対し第2の種類の条件方程式に多くの辺をもつ図形に関連している近似方程式をつけ加えなければならない場合はまれにしか生じない．すなわちそれは測量によって三角形に分けられない多角形が生じたときに限るからである．しかしこのことについては我々の当面の目的から離れているので，さらに他の機会に論じることにしよう．我々の理論は $v, v', v'', \cdots$ で表わされる量が現実に直接観測されるか，あるいは互いに独立であるかまたは少なくとも互いに独立であるとみなすことができる観測から導かれるものと仮定している．そこで我々がきれいで厳密な応用を望むならば，この注意を黙殺して通り過ぎることはできない．そして日常の現実では三角形の角は観測されしたがって $v, v', v'', \cdots$ として採用されることが許される．しかし系がそれに加えて，たまたま次のような三角形すなわちそれらの角が直接観測されず実際に観測された角の和や差から生じている三角形を含んでいるような場合には，これらが観測されたものの数の中に数えられずに，計算の際にそれらの合成の形に保たなければならないことを忘れることはできない．しかしこのことは Struve（天文学情報 II, 431頁）によって考えられたものに似ている観測方法，すなわち同一の頂点から出る個々の辺の方向が，任意に定めた一つの方向と比べることによって得られる観測方法をとるときは事情が変わる．すなわちこのときはこれらの角は $v, v', v'', \cdots$ として採用するべきであり，これによってすべての三角形の角は差の形で現われてくる．一方自然の性質としておのずから満たされる最初の種類の条件方程式は不必要なものとして使われなくなる．私自身最近の何年間かに完成した三角測量で用いた観測方法は，最

初のものとも2番目のものとも異なっているけれども，結果に関しては後者と同じように評価される．したがって個々の観測所において，そこから出ている辺の方向をいわば任意のものを最初として計測し，それらを量 $v, v', v'', \cdots$ として採り上げることが許される．我々はいま二つの例を作ろうと思う．その一つは最初の方法に，他の一つは2番目の方法に適するものである．

23

最初の例を我々は Krayenhoff の著書 "Précis historique des opérations trigonométriques faites en Hollande" から拝借する．中でも我々は9個の点 Harlingen, Sneek, Oldeholtpade, Ballum, Leeuwarden, Dockum, Drachten, Oosterwolde および Gröningen の間に含まれている三角網の部分を補正する．これらの点の間に，その著書の中で番号 121, 122, 123, 124, 125, 127, 128, 131, 132 と記されている9個の三角形が作られる．そしてそれらの角（前出の指数によって区別される）は77頁から81頁までの表によって次のように観測される．

三角形 121
0 Harlingen ……50° 58′ 15.238″
1 Leeuwarden …82 47 15.351
2 Ballum ………46 14 27.202

三角形 122
3 Harlingen ……51   5 39.717
4 Sneek …………70 48 33.445
5 Leeuwarden …58   5 48.707

三角形 123
6 Sneek………… 49 30 40.051
7 Drachten…… 42 52 59.382
8 Leeuwarden… 87 36 21.057

三角形 124
9 Sneek …………45 36   7.492

10	Oldeholtpade	···67°	52′	0.048″
11	Drachten	······66	31	56.513

三角形 125

12	Drachten	·········53	55	24.745
13	Oldeholtpade	···47	48	52.580
14	Oosterwolde	···78	15	42.347

三角形 127

15	Leeuwarden	···59	24	0.645
16	Dockum	·········76	34	9.021
17	Ballum	·········44	1	51.040

三角形 128

18	Leeuwarden	···72	6	32.043
19	Drachten	······46	53	27.163
20	Dockum	·········61	0	4.494

三角形 131

21	Dockum	·········57	1	55.292
22	Drachten	·········83	33	14.515
23	Gröningen	······39	24	52.397

三角形 132

24	Oosterwolde	···81	54	17.447
25	Gröningen	······31	52	46.094
26	Drachten	·········66	12	57.246

これらの三角形の間の関連について調べてみると，観測によって近似値が知られている 27 個の角の間に 13 個の条件方程式が成り立つことがわかる．つまり第 1 種の 2 個と第 2 種の 9 個と第 3 種の 2 個である．しかしこれらの方程式をすべて完全な形で書き並べる必要はない．なぜならば，計算をするときには，一般論において $\mathfrak{A}, a, a', a'', \cdots, \mathfrak{B}, b, b', b'', \cdots$ 等で表わされる量のみが要求されるのみだからである．したがってそれら方程式の代りに，前に (13) と記され

た方程式を書く．これには前記の量が直接現われている．そしてここでは文字 $\varepsilon, \varepsilon', \varepsilon'', \cdots$ に替えて単に $(0), (1), (2), \cdots$ とおく．

したがって第1種の二つの条件方程式には次の式が対応する：

$$(1)+(5)+(8)+(15)+(18) \qquad = -2.197''$$
$$(7)+(11)+(12)+(19)+(22)+(26) = -0.436.$$

9個の三角形の扁球面超過は次の列のように求まっている：$1.749''$；$1.147''$；$1.243''$；$1.698''$；$0.873''$；$1.167''$；$1.104''$；$2.161''$；$1.403''$．したがって第2種の最初の条件方程式として $v^{(0)}+v'^{(0)}+v^{(2)}-180° \ 0' \ 1.749''=0$ が成り立つ．*)
そして残りも同様である．これより我々は9個の方程式

$$(\ 0)+(\ 1)+(\ 2) = -3.958''$$
$$(\ 3)+(\ 4)+(\ 5) = +0.722$$
$$(\ 6)+(\ 7)+(\ 8) = -0.753$$
$$(\ 9)+(10)+(11) = +2.355$$
$$(12)+(13)+(14) = -1.201$$
$$(15)+(16)+(17) = -0.461$$
$$(18)+(19)+(20) = +2.596$$
$$(21)+(22)+(23) = +0.043$$
$$(24)+(25)+(26) = -0.616.$$

を得る．第3種の条件方程式は対数の形で表わすのが便利である．すなわち最初の方程式は次のように書かれる：

$$\log \sin(v^{(0)} - 0.583'') - \log \sin(v^{(2)} - 0.583'') - \log \sin(v^{(3)} - 0.382'')$$
$$+ \log \sin(v^{(4)} - 0.382'') - \log \sin(v^{(6)} - 0.414'') + \log \sin(v^{(7)} - 0.414'')$$
$$- \log \sin(v^{(16)} - 0.389'') + \log \sin(v^{(17)} - 0.389'') - \log \sin(v^{(19)} - 0.368'')$$
$$+ \log \sin(v^{(20)} - 0.368'') = 0.$$

もう一つを完全な形に書くことは余分なことのように思える．この二つの方程式は

$$17.068(0) - 20.174(2) - 16.993(3) + 7.328(4) - 17.976(6)$$
$$+ 22.672(7) - 5.028(16) + 21.780(17) - 19.710(19)$$
$$+ 11.671(20) = -371$$

---

*) 我々はこの例において指数をアラビア数字で表わすことにする．

$$17.976(6) - 0.880(8) - 20.617(9) + 8.564(10) - 19.082(13)$$
$$+ 4.375(14) + 6.798(18) - 11.671(20) + 13.657(21)$$
$$- 25.620(23) - 2.995(24) + 33.854(25) = +370$$

に対応している．ここにそれぞれの係数は Brigg の対数の第 7 表を引用した．それぞれの観測の重みに差を設ける根拠は何もないので $p^{(0)} = p^{(1)} = p^{(2)} = \cdots = 1$ とおく．したがって条件方程式の相関を，それらに対応する方程式を配した順序に従って，$A, B, C, D, E, F, G, H, I, K, L, M, N$ で表わすならば，これらを決定するための方程式

$$-2.197'' = 5A + C + D + E + H + I + 5.917 N$$
$$-0.436 = 6B + E + F + G + I + K + L + 2.962 M$$
$$-3.958 = A + 3C - 3.106 M$$
$$+0.722 = A + 3D - 9.665 M$$
$$-0.753 = A + B + 3E + 4.696 M + 17.096 N$$
$$+2.355 = B + 3F - 12.053 N$$
$$-1.201 = B + 3G - 14.707 N$$
$$-0.461 = A + 3H + 16.752 M$$
$$+2.596 = A + B + 3I - 8.039 M - 4.874 N$$
$$+0.043 = B + 3K - 11.963 N$$
$$-0.616 = B + 3L + 30.859 N$$
$$-371 = +2.962 B - 3.106 C - 9.665 D + 4.696 E + 16.752 H$$
$$\qquad - 8.039 I + 2902.27 M - 459.33 N$$
$$+370 = +5.917 A + 17.096 E - 12.053 F - 14.707 G$$
$$\qquad - 4.874 I - 11.963 K + 30.859 L - 459.33 M$$
$$\qquad + 3385.96 N$$

を得る．これらから消去法により

$A = -0.598$	$H = +0.659$
$B = -0.255$	$I = +1.050$
$C = -1.234$	$K = +0.577$
$D = +0.086$	$L = -1.351$
$E = -0.477$	$M = -0.109792$
$F = +1.351$	$N = +0.119681$
$G = +0.271$	

を得る．最後に最適な誤差が式

$$(0) = C + 17.068\ M$$
$$(1) = A + C$$
$$(2) = C - 20.174\ M$$
$$(3) = D - 16.993\ M$$
$$\cdots\cdots$$

から得られる．これらから我々は次の数値を得る．比較するために de Krayenhoff によって観測値になされた修正値（対照的な表示で）添えておく．

	de Kr.		de Kr.
$(0) = -3.108''$	$-2.090''$	$(14) = +0.795''$	$+2.400''$
$(1) = -1.832$	$+0.116$	$(15) = +0.061$	$+1.273$
$(2) = +0.981$	-1.982	$(16) = +1.211$	$+5.945$
$(3) = +1.952$	$+1.722$	$(17) = -1.732$	-7.674
$(4) = -0.719$	$+2.848$	$(18) = +1.265$	$+1.876$
$(5) = -0.512$	-3.848	$(19) = +2.959$	$+6.251$
$(6) = +3.648$	-0.137	$(20) = -1.628$	-5.530
$(7) = -3.221$	$+1.000$	$(21) = +2.211$	$+3.486$
$(8) = -1.180$	-1.614	$(22) = +0.322$	-3.454
$(9) = -1.116$	0	$(23) = -2.489$	0
$(10) = +2.376$	$+5.928$	$(24) = -1.709$	$+0.400$
$(11) = +1.096$	-3.570	$(25) = +2.701$	$+2.054$
$(12) = +0.016$	$+2.414$	$(26) = -1.606$	-3.077
$(13) = -2.013$	-6.014		

我々の補正の平方の和は 97.8845 であることがわかる．これより，観測された 27 個の角から導かれる限りでは，平均誤差は

$$\sqrt{\frac{97.8845}{13}} = 2.7440''$$

であることがわかる．

de Krayenhoff が観測した角に自らほどこした修正値の平方の和は 341.4201 となる．

24

第 2 の例は Hannover の三角測量の 5 個の点 Falkenberg, Breithorn, Hauselberg, Wulfsode および Wilsede の間の三角形を提供する．方向*)を観測したところ次の結果を得た：

Falkenberg 観測所で

0 Wilsede ········187° 47′ 30.311″
1 Wulfsode ········225 9 39.676
2 Hauselberg········266 13 56.239
3 Breithorn ········274 14 43.634

Breithorn 観測所で

4 Falkenberg········ 94 33 40.755
5 Hauselberg········122 51 23.054
6 Wilsede ········150 18 35.100

Hauselberg 観測所で

7 Falkenberg········ 86 29 6.872
8 Wilsede ········154 37 9.624
9 Wulfsode ········189 2 56.376
10 Breithorn ········302 47 37.732

Wulfsode 観測所で

11 Hauselberg········ 9 5 36.593
12 Falkenberg········ 45 27 33.556
13 Wilsede ········118 44 3.159

Wilsede 観測所で

14 Falkenberg········ 7 51 1.027
15 Wulfsode ········298 29 49.519
16 Breithorn ········330 3 7.392
17 Hauselberg········334 25 26.746.

*) 個々の方向の基準になる零方向は，現実には観測所の子午線と一致しているけれども，ここでは任意とみなされる．観測ごとにその時刻は完全に示されるであろう．さし当って一つの図式が Astronomische Nachrichten I 巻 441 頁に載っている．

これらの観測から 7 個の三角形がつくられる：

三角形 1

Falkenberg .... 8° 0′ 47.395″
Breithorn 28 17 42.299
Hauselberg 143 41 29.140

三角形 2

Falkenberg 86 27 13.323
Breithorn 55 44 54.345
Wilsede 37 47 53.635

三角形 3

Falkenberg 41 4 16.563
Hauselberg 102 33 49.504
Wulfsode 36 21 56.963

三角形 4

Falkenberg 78 26 25.928
Hauselberg 68 8 2.752
Wilsede 33 25 34.281

三角形 5

Falkenberg 37 22 9.365
Wulfsode 73 16 39.603
Wilsede 69 21 11.508

三角形 6

Breithorn 27 27 12.046
Hauselberg 148 10 28.108
Wilsede 4 22 19.354

三角形 7

Hauselberg　………34° 25′ 46.752″
Wulfsode　………109　38　36.566
Wilsede　………　35　55　37.227.

したがって第2種の7個の条件方程式が存在する（明らかに第1種の条件方程式は不要である）．それらを作るためにはまず7個の三角形の扁球面超過を確かめるべきである．そのためには少なくとも一つの辺の絶対量を知る必要がある．点 Wilsede と Wulfsode の間の辺は22877.94メートルの長さである．これより次のようにそれぞれの三角形の扁球面超過が得られる．三角形 1…0.202″；2…2.442″；3…1.257″；4…1.919″；5…1.957″；6…0.321″；7…1.295″.

いま我々は前にも示したように方向を指数で区別して，順に $v^{(0)}, v^{(1)}, v^{(2)}$, $v^{(3)}, \cdots$ で表わすことにすれば，最初の三角形の角は

$$v^{(3)} - v^{(2)}, \quad v^{(5)} - v^{(4)}, \quad 360° + v^{(7)} - v^{(10)}$$

となり，したがって最初の条件方程式は

$$-v^{(2)} + v^{(3)} - v^{(4)} + v^{(5)} + v^{(7)} - v^{(10)} + 179° \ 59' \ 59.798'' = 0$$

となる．同様に残りの三角形からは他の6個の方程式が得られる．しかし少し注意すればこれら7個の方程式は互いに独立ではなくて，2番目は1番目と4番目と6番の和に等しく，3番目と5番目の和は4番目と7番目の和に等しいことがわかる．したがって我々は2番目と5番目を無視することにする．残された条件方程式の代りに対応する系(13)の方程式を簡潔な形で書くと

$$-1.368'' = -(2) + (3) - (4) + (5) + (7) - (10)$$
$$+1.773\ \ = -(1) + (2) - (7) + (9) - (11) + (12)$$
$$+1.042\ \ = -(0) + (2) - (7) + (8) + (14) - (17)$$
$$-0.813\ \ = -(5) + (6) - (8) + (10) - (16) + (17)$$
$$-0.750\ \ = -(8) + (9) - (11) + (13) - (15) + (17)$$

となる．ただし記号 $\varepsilon, \varepsilon', \cdots$ の代りにここでは $(0), (1), (2), \cdots$ を用いた．

第3種の条件方程式については三角形の系から8個が見出されるかにみえる．なぜならばこの目的のために4個の三角形 1, 2, 4, 6 から3個を，また 3, 4, 5, 7 から3個をそれぞれ組み合わせることができるからである．しかし少し注意すれば前者の中の一つと後者の中の一つの計2個で間に合っていることがわかる．なぜならば残りのものはそれらと前の条件方程式の中にすでに含まれていなければならないからである．したがって我々の6番目の条件方程式は

$$\log \sin(v^{(8)} - v^{(2)} - 0.067'') - \log \sin(v^{(5)} - v^{(4)} - 0.067'')$$

$$+\log\sin(v^{(14)}-v^{(17)}-0.640'')-\log\sin(v^{(2)}-v^{(0)}-0.640'')$$
$$+\log\sin(v^{(6)}-v^{(5)}-0.107'')-\log\sin(v^{(17)}-v^{(16)}-0.107'')=0$$

であり，7番目は

$$\log\sin(v^{(2)}-v^{(1)}-0.419'')-\log\sin(v^{(12)}-v^{(11)}-0.419'')$$
$$+\log\sin(v^{(14)}-v^{(17)}-0.640'')-\log\sin(v^{(2)}-v^{(0)}-0.640'')$$
$$+\log\sin(v^{(13)}-v^{(11)}-0.432'')-\log\sin(v^{(17)}-v^{(15)}-0.432'')=0$$

である．そしてこれらを系(13)の方程式に対応させれば

$$+25 = +4.31(0)-153.88(2)+149.57(3)+39.11(4)$$
$$ -79.64(5)+40.53(6)+31.90(14)+275.39(16)$$
$$ -307.29(17)$$
$$-3 = +4.31(0)-24.16(1)+19.85(2)+36.11(11)$$
$$ -28.59(12)-7.52(13)+31.90(14)+29.06(15)$$
$$ -60.96(17)$$

となる．

我々はいまそれぞれの方向に $p^{(0)}=p^{(1)}=p^{(2)}=\cdots=1$ とおくことによって同一の精密さを添え，さらに7個の条件方程式の相関を上に述べた順に A, B, C, D, E, F, G で表わすならば，それらが方程式

$$-1.368 = +6A-2B-2C-2D+184.72F-19.85G$$
$$+1.773 = -2A+6B+2C+2E-153.88F-20.69G$$
$$+1.042 = -2A+2B+6C-2D-2E+181.00F+108.40G$$
$$-0.813 = -2A-2C+6D+2E-462.51F-60.96G$$
$$-0.750 = +2B-2C+2D+6E-307.29F-133.65G$$
$$+25 = +184.72A-153.88B+181.00C-462.51D$$
$$ -307.29E+224868F+16694.1G$$
$$-3 = -19.85A-20.69B+108.40C-60.96D-133.65E$$
$$ +16694.1F+8752.39G$$

から決定される．これらより消去法によって

$$A = -0.225$$
$$B = +0.344$$
$$C = -0.088$$
$$D = -0.171$$
$$E = -0.323$$

$$F = +0.000215915$$
$$G = -0.00547462$$

が得られる．そこで最適な誤差が式

$$(0) = -C + 4.31F + 4.31G$$
$$(1) = -B - 24.16G$$
$$(2) = -A + B + C - 153.88F + 19.85G$$
……

から求まり，次の数値を得る：

$(0) = +0.065''$	$(9) = +0.021''$
$(1) = -0.212$	$(10) = +0.054$
$(2) = +0.339$	$(11) = -0.219$
$(3) = -0.193$	$(12) = +0.501$
$(4) = +0.233$	$(13) = -0.282$
$(5) = -0.071$	$(14) = -0.256$
$(6) = -0.162$	$(15) = +0.164$
$(7) = -0.481$	$(16) = +0.230$
$(8) = +0.406$	$(17) = -0.139.$

これら誤差の2乗の和は 1.2288 となり，これより個々の方向の平均誤差は，それが観測された18個の方向から導かれる限り

$$\sqrt{\frac{1.2288}{7}} = 0.4190''$$

となる．

25

我々の理論の第2の部分もまた例を用いて説明する．そこで，均等に行われた観測によって辺 Falkenberg-Breithorn が辺 Wilsede-Wulfsode から決定されるときの精密さを求める．この場合にこれを表現する関数 u は

$$u = 22877.94^m \times \frac{\sin(v^{(13)} - v^{(12)} - 0.652'')\sin(v^{(14)} - v^{(16)} - 0.814'')}{\sin(v^{(1)} - v^{(0)} - 0.652'')\sin(v^{(6)} - v^{(4)} - 0.814'')}$$

である．

この値は方向 $v^{(0)}, v^{(1)}, \cdots$ の修正値と共に求められ

$$26766.68^m$$

となる．

しかしこの式の微分は, 微分 $dv^{(0)}, dv^{(0)}, dv^{(1)}, \cdots$ が秒で表わされていると考えれば次のようになる:

$$du = 0.16991^m(dv^{(0)} - dv^{(1)}) + 0.08836^m(dv^{(4)} - dv^{(6)})$$
$$- 0.03899^m(dv^{(12)} - dv^{(13)}) + 0.16731^m(dv^{(14)} - dv^{(16)}).$$

これよりさらに

$$[al] = -0.08836$$
$$[bl] = +0.13092$$
$$[cl] = -0.00260$$
$$[dl] = +0.07895$$
$$[el] = +0.03899$$
$$[fl] = -40.1315$$
$$[gl] = +10.9957$$
$$[ll] = +0.13238$$

を得る.

その上最後に, メートルを直線の単位にとれば, 上で説明した方法を用いて

$$\frac{1}{P} = 0.08329 \text{ または } P = 12.006$$

を得る. したがって Falkenberg-Breithorn 辺の値における平均誤差は 0.2886 m メートルである. (ここに m は観測された方向の平均誤差で, しかも秒で表わされているものとする). さらに上で求めた m の値をとるならばこれは

$$0.1209^m$$

となる.

さらに三角形の系を注意してみれば, 辺 Wilsede-Wulfsode と辺 Falkenberg-Breithorn の間の関連を妨げることなく, 点 Hauselberg はその中でまったく省略することができることがわかる. そこで方法論的な原則からは認められないけれども, たしかに精密さの増進には貢献している点 Hauselberg に関連する観測を中止してしまったとしてみよう[*]. この観測によりどれほどの精密さが増加しているかをはっきりさせるために, 点 Hauselberg に関連するすべてを省略するように計算をやり直すと, 上で求められた18個の方向のうち8個が不要となる. そして残りの最適な誤差は次のようになる:

---

[*] 点 Breithorn が見出され, この系にとり入れられる前に, すでに観測の大部分は行われた.

$(0) = +0.327''$ | $(12) = +0.206''$
$(1) = -0.206$ | $(13) = -0.206$
$(3) = -0.121$ | $(14) = +0.327$
$(4) = +0.121$ | $(15) = +0.206$
$(6) = -0.121$ | $(16) = +0.121$

このとき辺 Falkenberg-Breithorn の値は 26766.63^m となり上で求めたものとほとんど違わないけれども，重みの計算では

$$\frac{1}{P} = 0.13082 \quad \text{または} \quad P = 7.644$$

となり，したがって平均誤差は $0.36169\,m$ メートル $= 0.1515^m$ となる．したがって Hauselberg に関連する観測を採用することによって，辺 Falkenberg-Breithorn の確定の重みは 7.644：12.006，すなわち 1：1.571 の割合で増加する．

III 円錐曲線で太陽のまわりを回る天体の運動理論
―― 多くの観測結果にもっともよく合う軌道の決定 ――

1

　天文学上の観測値と，軌道計算の基になるそれ以外の数値が，もし絶対的な精密さを有するならば，（少なくとも運動が Kepler の法則に従って行われることを前提とする限り）軌道要素もまた，それが3回の観測から導かれようと，あるいは4回の観測から導かれようと完全に正確なものになるであろう．したがってそのような条件のもとでは，つねに新しい観測を加えることによって要素を確認することはできても修正する余地はないはずである．しかし現実には我々の計測や観測値は真の値に対する近似値であり，かつそれらに基づくすべての計算に役立たなければならない．したがって，これから行なおうとするすべての計算の最大の目的は真の値を可能な限り追求することにある．そしてこのことは，未知の量を決定するのに最小限必要とされる数よりも**多くの観測**を用い適切な組合せをすることによってのみ成しうることである．そしてこの作業は，すでに軌道についての近似的な情報があるときにはじめて着手することができ，それを基にすべての観測値を**可能な限り正確に**満たすように修正しなければならない．いまのところこの表現はまだ何かあいまいさを含んでいるように思えるかも知れないが，なお以下に述べる原理を通して明らかになっていくであろう．そしてそれによって規則的で秩序のある解を求める課題は解決されていくであろう．

　最高の精密さを得ようとする努力は，決定すべき軌道が完成したときはじめて報われる．それに対して，いつか別の機会に新しい観測が新たな修正を行うきっかけを提供するであろう期待のある限り，計算の膨大さを本質的に少なくするために，事情によってはぎりぎりの精密さを多かれ少なかれあきらめることもある．我々は両方の場合のそれぞれに対して対策を講ずる努力をしていきたい．

2

まず問題の軌道の基礎になる天体の数個の地心の位置は，別々の観測から導かれるのではなくて，観測の組合せから導かれることが大切であるということを強調したい．そしてそれらの観測は，偶然に生ずる誤差ができる限り相互に打ち消し合うように，なるべく多くから組合わされたものであることが望ましい．すなわち，わずかの日数の間隔で——あるいは事情によっては15日から20日の間隔で——行われるこれらの観測から，それほど多くの異なった位置が計算に用いられるのではない．むしろ，それらの中から，個々に測られた観測よりもはるかに大きな精密さを保ち，すべての面でいわば中心となる唯一の位置が導かれることになろう．この方法は，以下の原理をよりどころにしている．

近似的な軌道要素から計算された天体の地心の位置は，真の位置からわずかしか離れておらず，しかも両者の差は非常にゆっくりした変化をするはずだから，わずかの日数の間ではほとんど定数として扱われるかまたは少なくとも時間に比例して変化するとみなすことができる．そこで仮に観測が完全に誤りのないものであるとすれば，時刻 $t, t', t'', t''', \cdots$ に対応する観測された位置と軌道要素から計算された位置との差，すなわち観測された黄経と黄緯あるいは赤経と方位角および計算されたそれらとの差は，いずれにしてもそれほど大きなものではなく，しかもそれらは非常にゆっくりと増加あるいは減少するはずである．たとえば，おのおのの時刻に，観測された赤経を $\alpha, \alpha', \alpha'', \alpha''', \cdots$ とし，対応する計算された赤経を $\alpha+\delta, \alpha'+\delta', \alpha''+\delta'', \alpha'''+\delta''', \cdots$ とする．このとき観測それ自体が不完全でなければ，差 $\delta, \delta', \delta'', \delta''', \cdots$ は軌道要素の真の偏差とそれほど異なってはいない．そこでこれらすべての観測に対して真の偏差を定数とみなすならば，値 $\delta, \delta', \delta'', \delta''', \cdots$ は同一の量に対する多くの異なった結果を表わしているといえる．そこでこれらの中からどれか一つ特定のものを抜き出すことに根拠がない限り，その訂正値としておのおのの結果の相加平均をとることができる．しかし個々の観測が同一の精密さをもっているとみなせないときは，それらの精密さをそれぞれ $e, e', e'', e''', \cdots$ で比例的に評価させることにする．したがってこれらの数で対応する誤差を割ったものは，観測の際に同等に生じるものとする．このとき以下に述べる原理によれば，平均の最確値は単なる相加平均ではなくて

$$\frac{e^2\delta+e'^2\delta'+e''^2\delta''+e'''^2\delta'''+\cdots}{e^2+e'^2+e''^2+e'''^2+\cdots}$$

となる．いまこの平均値を $\varDelta$ とおくと，真の赤経としてそれぞれ $\alpha+\delta-\varDelta$, $\alpha'+\delta'-\varDelta$, $\alpha''+\delta''-\varDelta$, $\alpha'''+\delta'''-\varDelta$, $\cdots$ をとることができ，これらを計算に用いることに問題は生じない．しかしながら，観測が時間的にあまりにも離れた間隔で行われる場合や，軌道の十分な近似要素がまだない場合には，前記の偏差をすべての観測に対して定数とみなすことは許されなくなる．したがってこのような場合には，上記のように見出された平均偏差をすべての観測に共通にあてはめずにある一定の平均時刻に関連させて考える必要がある．そしてまたそれ以外に異なることのないことは明らかである．この平均時刻は，$\varDelta$ が個々の観測から導かれたのと同様に個々の時刻から導かれるべきものだから一般に

$$\frac{e^2 t+e'^2 t'+e''^2 t''+e'''^2 t'''+\cdots}{e^2+e'^2+e''^2+e'''^2+\cdots}$$

の形で表わされる．したがって最大の精密さを得ようとするならば，地心の位置は同一の時刻における軌道要素から計算されるべきであり，できるかぎり正確な位置が得られるようにするためには平均誤差 $\varDelta$ に依存するべきではない．けれどもほとんどの場合，平均誤差を平均時刻に最も近い観測に関連させれば十分である．我々がここで赤経について述べたことは，同様に赤緯についても，あるいは望むならば黄経や黄緯についても適用される．しかし軌道要素から計算された赤経や赤緯を観測されたものと直接比較することはつねに有益なことである．すなわちそれによって我々は迅速な計算を得るばかりでなく，とくに「天体運動論」53節から60節にかけて説明された方法を用いるとき，さらに次の理由によって基本的に好ましいものであるということができる．すなわち，それらの方法は不完全な観測をも用いることができ，さらに加えて我々が仮にすべてのものを無理に黄経や黄緯に関連させようとすれば，観測が赤経に関しては正しくても赤緯に関しては正しくないこと(あるいはその逆)が生じたり，両方の関連においては悪くなって，したがって全く役に立たなくなってしまうというおそれがある等の理由である．――ついでに云うと，まもなく述べる原理によれば，このように見出された平均に添えるべき精密さの程度は $\sqrt{e^2+e'^2+e''^2+e'''^2+\cdots}$ であり，もしこの平均が2倍もしくは3倍の精密さを満たすことを要求するならば，4個もしくは9個の同様に正確な観測を必要とすることなどがわかる．

3

　ある天体について，前節の規則に従って多くの観測値から3個あるいは4個の地心の位置が得られ，これらからこれまでの章で述べた方法でその天体の軌道が決定されたとすると，この軌道はこれらすべての観測値のいわば中心を含んでいるといえる．そして，観測された位置と計算によって求められた位置の差についての規則性は，軌道要素の修正によって取り除かれたりあるいはかなり弱めさせられたりして，その痕跡をとどめなくなってくる．そこで観測があまり長期にわたらない限り，うまく3個または4個のいわば正規の位置を選び出すことができるならば，この方法ですべての観測値と軌道要素のもっとも望ましい一致を得ることができるであろう．一年をこえない観測では，新しい彗星や惑星の軌道を決定するのに，我々はこの方法によってごく自然に数多くの一致をみるであろう．したがって決定すべき軌道がもし黄道に対して著しい角度で傾いているならば，それは一般になるべく互いに離れているように選んだ3個の観測値から導かれる．しかしながらこの際，我々が除外した場合(「天体運動論」160節から162節まで)に出会ったり，あるいは軌道の傾きが余りにも小さい場合には，我々は4個の位置から軌道決定をするであろう．この場合も同じくできる限り互いに離れたものを選ぶようにする．

　しかしすでに長い年月にわたる広範な観測の系列が得られているならば，それらからより多くの正規の場所を導くことができる．そしてこの場合にも，軌道の決定について仮にただ3個または4個の位置を利用するだけで残りをすべて無視しようとすれば，少ない計算で最高の精密さを得ようとする無理をすることになってしまう．だからこのような場合には最高の精密さを得るために，むしろ捜し出された位置をできる限り多く集約したり利用したりしようと努力するだろう．このときまた未知量の決定に多くの資料が必要となる．しかし，これらすべての資料は多少なりとも誤差を伴うから，一般にすべてを完全に満足させることは不可能である．いまこれらの資料からどの6個を取り出しても，これらを絶対的に精密なものとして受け入れる根拠は何もないはずであり，むしろ確率の原理に従って誤差に大小の区別をつけず，すべてに同等の可能性を仮定しなければならない．そして今後一般に比較的小さい誤差が，比較的大きい誤差として取扱われることがよくおこるだろう．したがって，たしかに6個の特別な資料は完全に満足させるが残りは多かれ少なかれはずれるような軌道

は，逆にそれら6個の資料からは少しはずれるけれども残りのものにはよく適するような他の軌道とくらべて，明らかに確率論の原理に合わないものとみなすべきであろう．厳密な意味で**最大**の確率をもつ軌道を求めるには，誤差が大きくなれば確率は小さくなるという法則が用いられる．しかしながらこの法則は，非常に多くの不確かなあるいはあいまいな——また生理的な——考え，すなわち実際の天文学上のあることでかつて正しく報告する努力がなされたことがないようなことを計算に任せることはできないという考えに縛られている．それにもかかわらず，この法則と確からしい軌道との関連について，我々は今後より大きな一般性のもとでこの探究に取組むつもりであり，それは決して利益のない投機とみなすべきではないだろう．

4

この目的のために，我々は特殊の課題から，数学を自然科学上の問題に応用するのに大変有効であることが知られている全く一般的な研究へと進もう．$V, V', V'', \cdots$ を未知の変数 $p, q, r, s, \cdots$ の関数とし，μ をこれら関数の個数，ν を未知数の個数とする．いま直接の観測によって，関数の値 $V=M, V'=M', V''=M'', \cdots$ が知られたと仮定する．ここで一般に未知数の値を求めることは，$\mu<\nu$ ならば不確定の，$\mu=\nu$ ならば確定の，$\mu>\nu$ ならば超確定の問題を表わしている．[*)] ただここで最後の場合については問題がある．すなわちこのような場合は，明らかに観測がすべて絶対に誤差のないときにかぎり，あらゆる観測結果の正確な表示が可能になるはずである．しかしこのようなことは現実には起り得ないことだから，未知数 $p, q, r, s, \cdots$ の値の系は，どれも関数 $M-V, M'-V', M''-V'', \cdots$ の値がおのおのの観測の際に生ずる誤差の限界をこえないように与えることができるものとみなすべきだろう．けれどもこのことは，これらそれぞれの系が同程度の確からしさをもっていることを意味するかのように考えるべきではない．

我々は最初に，すべての観測に際して，その状態が他の状態よりも正確でな

[*)] 第3の場合に，仮に関数 $V, V', V'', \cdots$ のうち $\mu+1-\nu$ 個以上が余分の関数とみなされるときには，この問題は，これらの関数に関しては依然として超確定であるが，実は量 $p, q, r, s, \cdots$ に関しては不確定となるであろう．すなわちこれらの値は関数 $V, V', V'', \cdots$ の値がたとえ絶対的に正しく与えられているとしても決して確定することはできない．しかしこの場合については，我々の研究から除外する．

いと認める根拠は何もないこと，およびおのおのの観測に際し，同じ大きさの誤差は同程度に確からしいとみなすことを仮定する．何かある誤差 Δ に与えるべき確率は Δ のある関数によって表現されるだろう．これを $\varphi(\Delta)$ で表わすことにする．いまこの関数について精密に述べることはできないまでも，少なくとも次のこと，すなわちそれらの値は $\Delta=0$ のとき最大となること，一般に絶対値が等しく符号が反対である Δ に対しては同じ値をとることおよび Δ として最大の誤差をとるかまたはそれより大きい値をとるときは 0 になることは保証される．したがって本来 $\varphi(\Delta)$ は離散的関数の族に入れられるところであるが，実際の応用のために連続変数関数として取扱おうとするならば，$\Delta=0$ から両側に遠ざかっていくにつれて，漸近的に 0 に収束するように修正しなければならない．そうすれば，問題にしている限界の外では実際はほとんど 0 になっているとみなすことができる．さらに，誤差が Δ と $\Delta+d\Delta$ の間にある確率は，$\varphi(\Delta)d\Delta$ で表わすことができるだろう．ここに $d\Delta$ は無限小変化である．したがって，一般に誤差が D と D' の間にある確率は $\Delta=D$ から $\Delta=D'$ までの積分 $\int \varphi(\Delta)d\Delta$ によって表わされる．もしこの積分を，Δ について絶対値が最大の負の値から最大の正の値まで，あるいはさらに一般に $\Delta=-\infty$ から $\Delta=\infty$ までとるならば，それは当然 1 に等しくなければならない．

そこで，量 $p, q, r, s, \cdots$ の何かある確定した値の系が与えられたとすると，V に対して，観測から値 M が得られる確率は $\varphi(M-V)$ で表わされるだろう．ここで V の中で $p, q, r, s, \cdots$ にそれらの値を代入するものとする．同様に，観測から関数 $V', V'', \cdots$ に対して値 $M', M'', \cdots$ が得られる確率をそれぞれ $\varphi(M'-V')$，$\varphi(M''-V'')$，$\cdots$ で表わす．したがって，すべての観測は互いに独立な結果を生ずるとみなすならば，積
$$\varphi(M-V)\varphi(M'-V')\varphi(M''-V'')\cdots=\Omega$$
は，すべてこれらの値が同時に観測から得られる可能性あるいは確率を表わしている．

5

未知数の何かある特定の値を定めると，関数 $V, V', V'', \cdots$ の値のそれぞれの系に，観測を行う前にある一定の確率が与えられるが，今度は逆に，観測から関数の値が決まるにしたがって，その確定値をとるべき未知数の値の系のそれぞれに対してある特定の確率が定まる．すなわち，明らかに得られる結果の

可能性がそれによって大きくなるような系は，より確からしいとみなすべきである．この確率の評価は，次の定理が基礎になっている：

何かある仮定 H のもとでは，ある特定の結果 E がおこる確率が h に等しく，H と排反でかつ同様に確からしい他の仮定 H' のもとでは同じ E のおこる確率が h' に等しいとする．このとき，もし結果 E が実際におこったならば，H が正しい仮定であったという確率と，H' が正しい仮定であったという確率の比は h と h' の比に等しい．[*)]

これを証明するために仮定 H, H' あるいは他の仮定のもとで結果 E がおこるかあるいは他の結果がおこるかのあらゆる場合を想定して，次の表のように分類する．そして分類されたそれぞれの場合は，（E がおこるかあるいは他の結果がおこるかが未確定である限り）同程度に確からしいとみなすべきである．

結果の度合	設定される仮定	おこるべき結果
m	H	E
n	H	E 以外
m'	H'	E
n'	H'	E 以外
m''	H, H' 以外	E
n''	H, H' 以外	E 以外

このとき $h = \dfrac{m}{m+n}$, $h' = \dfrac{m'}{m'+n'}$ となる．さらに結果が明らかになる前では，仮定 H の確率は $\dfrac{m+n}{m+n+m'+n'+m''+n''}$ であったが，結果がわかってからは n, n', n'' は可能性がなくなって，仮定 H の確率は $\dfrac{m}{m+m'+m''}$ となる．同様に，仮定の H' 確率は，結果がわかる前か後かによってそれぞれ $\dfrac{m'+n'}{m+n+m'+n'+m''+n''}$ と $\dfrac{m'}{m+m'+m''}$ で表わされる．ところが，仮定 H と H' は結果がわかる前には同じ確率が与えられているから

$$m+n = m'+n'$$

---

*) 補記　仮定 H, H' がそれ自体（すなわち E のおこる前にあるいは E のおこったことを知る前に）等しくない確からしさ μ, μ' を持っている場合には，E がおこったあとではそれらに積 $\mu h, \mu' h'$ に比例する確からしさを添えなければならない．

でなくてはならない．これより定理の正しいことはおのずから明らかである．

今，観測値 $V=M$, $V'=M'$, $V''=M''$, $\cdots$ の他は，未知数を決定するどんなデータも存在しないこと，およびこれらの未知数のすべての値の系が，それぞれの観測の前には同程度に確からしいことを仮定する限り，それぞれの観測により定められた系の確率は，明らかに前述の Ω に比例している．このことは，未知数の値が限りなく近い限界 p と $p+dp$, q と $q+dq$, r と $r+dr$, s と $s+ds$, $\cdots$ の間にある確率は $\lambda\Omega dpdqdrds\cdots$ によって表わされることを意味する．ここに λ は $p, q, r, s, \cdots$ とは無関係な定数である．しかもそれぞれの変数 $p, q, r, s, \cdots$ を $-\infty$ から $+\infty$ まで拡張するならば，明らかに ν 重積分 $\int^{(\nu)} \Omega dpdqdrds\cdots$ の値は $\frac{1}{\lambda}$ である．

6

これより量 $p, q, r, s, \cdots$ の最確値の系は，それらによって Ω が最大の値をとるもの，したがって ν 個の等式

$$\frac{d\Omega}{dp}=0, \quad \frac{d\Omega}{dq}=0, \quad \frac{d\Omega}{dr}=0, \quad \frac{d\Omega}{ds}=0, \cdots$$

をみたすようなものであることがおのずから導かれる．これらの等式は $M-V=v$, $M'-V'=v'$, $M''-V''=v''$, $\cdots$ および $\frac{d\varphi(\Delta)}{\varphi(\Delta)d\Delta}=\varphi'(\Delta)$ とおくと次の形に書ける：

$$\frac{dv}{dp}\varphi'(v)+\frac{dv'}{dp}\varphi'(v')+\frac{dv''}{dp}\varphi'(v'')+\cdots=0$$

$$\frac{dv}{dq}\varphi'(v)+\frac{dv'}{dq}\varphi'(v')+\frac{dv''}{dq}\varphi'(v'')+\cdots=0$$

$$\frac{dv}{dr}\varphi'(v)+\frac{dv'}{dr}\varphi'(v')+\frac{dv''}{dr}\varphi'(v'')+\cdots=0$$

$$\frac{dv}{ds}\varphi'(v)+\frac{dv'}{ds}\varphi'(v')+\frac{dv''}{ds}\varphi'(v'')+\cdots=0$$

......

これより，関数 φ' の性質がわかればただちに消去法によって，問題の完全な確定解を導くことができる．しかしながらこの性質は先験的には定義することができないので，我々は他の面からこの事を手がけようと思う．そして人々にその素晴らしさが認められている普遍的法則が，いわばその基礎として背後にどのような関数をもつかを調べようと思う．もし何かある量が，同じ状態の

もとに，同じような綿密さで行われた数多くの直接観測から決定されたとする．このときこれらすべての観測値の相加平均は，絶対的な厳密さでないまでも，少なくとも最確値に非常に近い値を与えることは，普通は公理として扱われる仮説である．すなわち，この方法を採用することはいつももっとも安全であるとみなされる．そこで $V=V'=V''=\cdots=p$ のときを考え，観測値の個数が μ のとき，もとの p の代りに代用値 $p=\frac{1}{\mu}(M+M'+M''+\cdots)$ をとると

$$\varphi'(M-p)+\varphi'(M'-p)+\varphi'(M''-p)+\cdots=0$$

が成り立つ．とくに，$M'=M''=\cdots=M-\mu N$ とすれば，すべての正の整数値 μ に対して

$$\varphi'[(\mu-1)N]=(1-\mu)\varphi'(-N)$$

となる．これより一般に $\dfrac{\varphi'(\varDelta)}{\varDelta}$ はある定量でなければならないことがわかる．これを k とおくと

$$\log\varphi(\varDelta)=\frac{1}{2}k\varDelta^2+c \quad (c\text{ は定数})$$

が得られる．あるいは自然対数の底を e で表わし，$c=\log\kappa$ とおけば

$$\varphi(\varDelta)=\kappa e^{\frac{1}{2}k\varDelta^2}$$

となる．さらに Ω が実際に最大値をとることができるためには，k が負でなければならないことが簡単に示される．そこで

$$\frac{1}{2}k=-h^2$$

とおく．Laplace によって最初に見出された美しい定理によれば，$\varDelta=-\infty$ から $\varDelta=+\infty$ までとった積分

$$\int e^{-h^2\varDelta^2}d\varDelta=\frac{\sqrt{\pi}}{h}$$

が成り立つから（ここに π は円周率を表わしている），我々の関数は

$$\varphi(\varDelta)=\frac{h}{\sqrt{\pi}}e^{-h^2\varDelta^2}$$

となる．

7

いま見出された関数は，誤差の確率をすべての面で厳密に表わしているとは云えない．なぜならば，可能な誤差はいつも一定の範囲内に含まれているので，それを超える誤差の確率はいつも 0 としなければならないが，我々の形式

は，いつも0でない有限の値をとっているからである．けれども，どんな連続変数関数もその性質としてもっているこの欠点は，実用的な目的に対しては全く問題にならない．なぜなら，$h\varDelta$ が絶対値の十分大きな値に達すれば，我々の関数の値は0とほぼ等しいとみても差支えないほど急速に減少するからである．必要以上に厳密に誤差の限界を示すことは，決して事の本質を詳しく示すことにはならないだろう．

さらに定数 h は，観測の精密さに対する尺度とみなすことができる．すなわち，いま誤差 $\varDelta$ の確率が，何かある観測値のグループの中では

$$\frac{h}{\sqrt{\pi}}e^{-h^2\varDelta^2}$$

で表わされ，他のより精密であるかあるいは不精密な観測値のグループの中では

$$\frac{h'}{\sqrt{\pi}}e^{-h'^2\varDelta^2}$$

で表わされたとする．このとき，最初のグループの中のある観測値で誤差が $-\delta$ から δ の間にある確率は，$\varDelta=-\delta$ から $\varDelta=+\delta$ までとった積分

$$\int \frac{h}{\sqrt{\pi}}e^{-h^2\varDelta^2}d\varDelta$$

によって表わされ，また後のグループの中のある観測値の誤差が限界 $-\delta'$ と δ' を超えない確率は，$\varDelta=-\delta'$ から $\varDelta=+\delta'$ までとった積分

$$\int \frac{h'}{\sqrt{\pi}}e^{-h'^2\varDelta^2}d\varDelta$$

によって表わされる．しかし二つの積分は $h\delta=h'\delta'$ であれば明らかに等しい．したがって，たとえば $h'=2h$ ならば，第2のグループで，ある一つの誤差を生ずることと，第1のグループでその2倍の誤差を生ずることは同じ程度におこり易いということができる．この場合一般的な言い方によれば，後者の観測は2倍の精密さを持っているということができる．

8

さてこの法則からいくつかの結論を引き出そう．積

$$\varOmega=h^\mu\pi^{-\frac{1}{2}\mu}e^{-h^2(v^2+v'^2+v''^2+\cdots)}$$

が最大になるためには，明らかに和 $v^2+v'^2+v''^2+\cdots$ が最小にならなければならない．**したがって未知数 $p, q, r, s, \cdots$ の最確値の系は，関数 $V, V', V'', \cdots$**

の観測値と計算値との差の平方の和が最小になるようなものである．ただし，すべての観測について同程度の精密さが仮定されるものとする．

　自然科学に対する数学のあらゆる応用の際にたびたび効力を発揮するこの原理は，同一の量に対する多くの観測値の相加平均が，その量の最確値とみなされるという公理と同じ正当さが認められなくてはならない．

　精密さが同程度でない観測についても，我々の法則は容易に拡張することができる．いま観測によって $V=M$, $V'=M'$, $V''=M''$, $\cdots$ が得られ，それら観測の精密さの程度が，それぞれ $h, h', h'', \cdots$ で表わされたとする．すなわちこれらの量と反比例する誤差が，それぞれの観測に際して同程度に生じるものと仮定する．そうすれば明らかに，あたかも（程度が 1 の）等しい精密さの観測によって，関数 $hV, hV', hV'', \cdots$ の値として直接 $hM, h'M', h''M'', \cdots$ が得られた場合と同じことになるであろう．したがって，量 $p, q, r, s, \cdots$ についての最確値の系は，和 $h^2v^2+h'^2v'^2+h''^2v''^2+\cdots$ すなわち**実際の観測値と計算値との差に，それらの精密さをかけた数の平方の和を最小とするようなものである**．このことより，もし個々の観測の際に，同程度に生ずる誤差の割合さえ評価することができるならば，関数 $V, V', V'', \cdots$ は，同質の量に関連するものばかりでなく，異質の量（たとえば角の秒と時間の秒）をも表わすことができる．

9

　関数 $V, V', V'', \cdots$ が線形ならば，これまでの節で述べた原理とは全く離れて，未知数の数値決定が非常に便利なアルゴリズムで行われる．すなわち

$$M-V=v=-m+ap+bq+cr+ds+\cdots$$
$$M'-V'=v'=-m'+a'p+b'q+c'r+d's+\cdots$$
$$M''-V''=v''=-m''+a''p+b''q+c''r+d''s+\cdots$$
$$\cdots\cdots$$

ならば

$$av+a'v'+a''v''+\cdots=P$$
$$bv+b'v'+b''v''+\cdots=Q$$
$$cv+c'v'+c''v''+\cdots=R$$
$$dv+d'v'+d''v''+\cdots=S$$
$$\cdots\cdots$$

とおくと，177節(本訳書6節)の ν 個の等式は，明らかに
$$P=0, \quad Q=0, \quad R=0, \quad S=0, \cdots$$
となる．そして，これらから未知数の値が決定される．ただし少なくとも観測は同程度によいと仮定し，その他の場合も前節の方法でこの場合に帰着できるものとする．したがって，決定すべき未知数と同数の一次方程式が存在し，それらから普通の消去法によって値が導かれる．

我々はいま，この消去がつねに可能かどうか，あるいは解が不定となるかまたは不能となるかを調べようと思う．消去法の理論より，この第2または第3の場合はそれぞれ次の場合に生ずることがわかる．すなわち，方程式 $P=0$, $Q=0$, $R=0$, $S=0, \cdots$ からある一つの方程式を取り除くとき，残りから作られる方程式と同値となるかまたは矛盾するかに対応している．このことはまた，線形関数 $\alpha P+\beta Q+\gamma R+\delta S+\cdots$ が恒等的に 0 に等しいか，あるいは未知数 $p, q, r, s, \cdots$ のどれをも含まないようにすることができるかの問題に帰する．そこで
$$\alpha P+\beta Q+\gamma R+\delta S+\cdots=\kappa$$
と仮定する．恒等式
$$(v+m)v+(v'+m')v'+(v''+m'')v''+\cdots=pP+qQ+rR+\cdots$$
は簡単に得られる．したがって $p=\alpha x$, $q=\beta x$, $r=\gamma x$, $s=\delta x, \cdots$ とおくことによって，関数 $v, v', v'', \cdots$ がそれぞれ $-m+\lambda x$, $-m'+\lambda' x$, $-m''+\lambda'' x, \cdots$ になったとすれば，明らかに恒等式
$$(\lambda^2+\lambda'^2+\lambda''^2+\cdots)x^2-(\lambda m+\lambda' m'+\lambda'' m''+\cdots)x=\kappa x$$
が成り立つ．したがって
$$\lambda^2+\lambda'^2+\lambda''^2+\cdots, \quad \kappa+\lambda m+\lambda' m'+\lambda'' m''+\cdots=0$$
が成り立ち，これより必然的に $\lambda=0, \lambda'=0, \lambda''=0, \cdots$ および $\kappa=0$ でなければならない．このことより，すべての関数 $V, V', V'', \cdots$ は量 $p, q, r, s, \cdots$ が数 $\alpha, \beta, \gamma, \delta, \cdots$ に比例して任意に増加したり減少したりしてもその値が変らないような性質をもつことが明らかになる．しかしたとえ関数 $V, V', V'', \cdots$ の真の値が与えられたとしても，未知数の決定の可能性すらないことが明らかな場合はここに入れるべきではない．そのことについては，我々はすでに上で注意をした．

ところで，関数 $V, V', V'', \cdots$ が線形でない場合には，ここで考察してきた場合に簡単に帰着される．すなわち，今未知数 $p, q, r, s, \cdots$ の近似値を π, χ,

$\rho, \sigma, \cdots$ で表わす.（これらは μ 個の方程式 $V=M$, $V'=M'$, $V''=M''$, $\cdots$ から，さし当って ν 個の方程式を用いることによって簡単に得られる.）次に $p=\pi+p'$, $q=\chi+q'$, $r=\rho+r'$, $s=\sigma+s'$, $\cdots$ とおくことによって，他の未知数 $p', q', r', s', \cdots$ を導入すると，明らかにこれら新しい未知数の値は非常に小さいので，それらの平方や積は無視することができる.そうすれば方程式は自然に線形となる.しかしこのとき最終の計算の結果，未知数 $p', q', r', s', \cdots$ の値が予期に反してかなり大きく，平方や積を無視することが危険であると思われる場合は，同一の操作のくり返し（$\pi, \chi, \rho, \sigma, \cdots$ の代りに，$p, q, r, s, \cdots$ の修正された値をとる）によって，迅速に修正ができるであろう.

10

しばしば未知数がただ一つの場合がある.その未知数 p を確定しようとするのに，関数 $ap+n$, $a'p+n'$, $a''p+n''$, $\cdots$ の値 $M, M', M'', \cdots$ が同程度の精密さの観測によって見出されたとする.このとき p の最確値は

$$\frac{am+a'm'+a''m''+\cdots}{a^2+a'^2+a''^2+\cdots}=A$$

である.ただし $M-n$, $M'-n'$, $M''-n''$, $\cdots$ をそれぞれ $m, m', m'', \cdots$ で表わす.いま，取り上げようとする精密さの程度を評価するために，観測の誤差 $\varDelta$ の確率が

$$\frac{h}{\sqrt{\pi}}e^{-h^2\varDelta^2}$$

で表わされると仮定する.このとき，p の真の値が $A+p'$ である確率は，p として $A+p'$ をとるとき，関数

$$e^{-h^2[(ap-m)^2+(a'p-m')^2+(a''p-m'')^2+\cdots]}$$

に比例する.この関数の指数は

$$-h^2(a^2+a'^2+a''^2+\cdots)(p^2-2pA+B)$$

の形に変形できる.ここに B は p に依存しない.よってこの関数自身

$$e^{-h^2(a^2+a'^2+a''^2+\cdots)p'^2}$$

に比例する.したがって値 A を，あたかも一回の直接の観測によって見出されたものであるかのように考えるならば，その精密さと，もとの観測の精密さの比は

$$h\sqrt{a^2+a'^2+a''^2+\cdots} : h, \text{ あるいは } \sqrt{a^2+a'^2+a''^2+\cdots} : 1$$

である.

11

　未知数が多数存在する場合に，それらに添えるべき精密さの程度を調べるには，関数 $v^2+v'^2+v''^2+\cdots$ を詳しく考察する必要がある．この関数を W で表わす．

　1. $\dfrac{1}{2}\dfrac{dW}{dp}=p'=\lambda+\alpha p+\beta q+\gamma r+\delta s+\cdots$

および

$$W-\dfrac{p'^2}{\alpha}=W'$$

とおくと，明らかに $p'=P$ かつ

$$\dfrac{dW'}{dp}=\dfrac{dW}{dp}-\dfrac{2p'}{\alpha}\dfrac{dp'}{dp}=0.$$

したがって W' は p と独立でなければならない．また係数 $\alpha=a^2+a'^2+a''^2+\cdots$ は明らかにいつも正の数でなければならない．

　2. 同様に

$$\dfrac{1}{2}\dfrac{dW'}{dq}=q'=\lambda'+\beta'q+\gamma'r+\delta's+\cdots$$

および

$$W'-\dfrac{q'^2}{\beta'}=W''$$

とおくと

$$q'=\dfrac{1}{2}\dfrac{dW}{dq}-\dfrac{p'}{\alpha}\dfrac{dp'}{dq}=Q-\dfrac{\beta}{\alpha}p' \quad \text{かつ} \quad \dfrac{dW''}{dq}=0$$

である．したがって関数 W'' は明らかに p および q と独立である．このことはもし $\beta'=0$ になることがあれば成り立たない．しかし，明らかに量 p が，方程式 $p'=0$ を用いて $v,v',v'',\cdots$ から消去されることによって，W' は $v^2+v'^2+v''^2+\cdots$ から得られる．したがって β' は消去のおこなわれた後，$v^2,v'^2,v''^2,\cdots$ の中における q^2 の係数の和である．しかし上で除外された場合，すなわち未知数が不確定である場合から推察されるように，これら各係数は平方数であり，すべてが同時に 0 になることはない．したがって，β' は明らかに正の数でなければならない．

　3. さらに

$$\dfrac{1}{2}\dfrac{dW''}{dr}=r'=\lambda''+\gamma''r+\delta''s+\cdots,$$

かつ
$$W'' - \frac{r'^2}{\gamma''} = W'''$$
とおくと
$$r' = R - \frac{\gamma}{\alpha} p' - \frac{\gamma'}{\beta'} q'$$

であり，W''' は p, q, r と独立である．さらに係数 γ'' は，2. で示されたと同様に正でなければならない．すなわち γ'' は量 p および q が方程式 $p'=0, q'=0$ を用いて $v, v', v'', \cdots$ から消去された後の，$v^2, v'^2, v''^2, \cdots$ における r^2 の係数の和と見ることができる．

4. 同様な方法で
$$\frac{1}{2}\frac{dW'''}{ds} = s' = \lambda''' + \delta''' s + \cdots, \quad かつ \quad W'''' = W''' - \frac{s'^2}{\delta'''}$$
とおくと，
$$s' = S - \frac{\delta}{\alpha} p' - \frac{\delta'}{\beta'} q' - \frac{\delta''}{\gamma''} r'$$
であり，W'''' は p, q, r, s と独立であり，δ''' は正の数であることがわかる．

5. もし，p, q, r, s の他に他の未知数が与えられるならば，同様な操作がつづけられて，最後に
$$W = \frac{1}{\alpha} p'^2 + \frac{1}{\beta'} q'^2 + \frac{1}{\gamma''} r'^2 + \frac{1}{\delta'''} s'^2 + \cdots + C \quad (C は定数)$$
が得られる．ここにすべての係数 $\alpha, \beta', \gamma'', \delta''', \cdots$ は正の数である．

6. 量 $p, q, r, s, \cdots$ の任意の確定値の系の確率は $e^{-h^2 W}$ に比例している．*)
したがって，量 p の値が不確定のままであるならば，残りの確定した値の系の確率は，$p = -\infty$ から $p = +\infty$ まで拡張した積分
$$\int e^{-h^2 W} dp$$
に比例している．この積分は Laplace の定理によれば
$$h^{-1} \alpha^{-\frac{1}{2}} \pi^{\frac{1}{2}} e^{-h^2 \left[\frac{1}{\beta'} q'^2 + \frac{1}{\gamma''} r'^2 + \frac{1}{\delta'''} s'^2 + \cdots\right]}$$

---

*) 補記　定数因数 $\dfrac{h^\nu \sqrt{\alpha \beta' \gamma'' \delta''' \cdots}}{(\sqrt{\pi})^\nu} e^{-h^2 C}$ をもつ同様な関数
$$e^{-h^2 \left(\frac{1}{\alpha} p'^2 + \frac{1}{\beta'} q'^2 + \frac{1}{\gamma''} r'^2 + \frac{1}{\delta'''} s'^2 + \cdots\right)}$$
に比例している．ここに C はこの W の最後の定部分を指すものとする．

に等しい．したがってこの確率は関数 $e^{-h^2W'}$ に比例している．さらに q が変量とみなされるならば，$r, s, \cdots$ の確定値の系の確率は，$q=-\infty$ から $q=+\infty$ までとつた積分

$$\int e^{-h^2W'} dq$$

に比例する．そしてこの値は

$$h^{-1}\beta'^{-\frac{1}{2}}\pi^{\frac{1}{2}} e^{-h^2[\frac{1}{\gamma''}r'^2+\frac{1}{\delta'''}s'^2+\cdots]}$$

に等しく，関数 $e^{-h^2W''}$ に比例する．さらにまた r を変量として扱うならば，全く同様に残り $s, \cdots$ の確定値の確率は関数 $e^{-h^2W'''}$ に比例する．以下同様である．我々はいま未知数の個数が 4 個までであると仮定する．その数がそれより多くても少なくても同様の結論に達するであろう．さてこの場合，s の最確値は $-\dfrac{\lambda'''}{\delta'''}$ であり，これが真の値から差 σ だけ離れている確率は関数 $e^{-h^2\delta'''\sigma^2}$ に比例する．このことから，はじめの観測値に添えるべき精密さの程度を 1 とおけば，この確定値に添えるべき相対的精密さの程度は $\sqrt{\delta'''}$ で表わされることが推論される．

12

これまでの節の方法によれば，精密さの程度は，消去を行って最後の場所に割り当てられた未知数に対してのみ都合よく表わされる．この不便さを避けるためには，係数 δ''' を他の方法で表現する方が望ましい．方程式

$$P = p'$$
$$Q = q' + \frac{\beta}{\alpha}p'$$
$$R = r' + \frac{\gamma'}{\beta'}q' + \frac{\gamma}{\alpha}p'$$
$$S = s' + \frac{\delta''}{\gamma''}r' + \frac{\delta'}{\beta'}q' + \frac{\delta}{\alpha}p'$$

から，p', q', r', s' は P, Q, R, S によって次のように表わされる：

$$p' = P$$
$$q' = Q + \mathfrak{A}P$$
$$r' = R + \mathfrak{B}'Q + \mathfrak{A}'P$$
$$s' = S + \mathfrak{C}''R + \mathfrak{B}''Q + \mathfrak{A}''P.$$

ここで $\mathfrak{A}, \mathfrak{A}', \mathfrak{B}', \mathfrak{A}'', \mathfrak{B}'', \mathfrak{C}''$ は確定した量である．したがって（もし未知数の数

を4個に制限するならば)

$$s = -\frac{\lambda'''}{\delta'''} + \frac{\mathfrak{A}''}{\delta'''}P + \frac{\mathfrak{B}''}{\delta'''}Q + \frac{\mathfrak{C}''}{\delta'''}R + \frac{1}{\delta'''}S$$

となる．これより次の結論が得られる．方程式 $P=0, Q=0, R=0, S=0, \cdots$ から消去法により導かれる未知数 $p, q, r, s, \cdots$ の最確値は，当面 $P, Q, R, S, \cdots$ を変数とみなすならば，明らかに上と同じ消去の方法により $P, Q, R, S, \cdots$ を用いて線形に表現できる．したがって

$$\begin{aligned}
p &= L + AP + BQ + CR + DS + \cdots \\
q &= L' + A'P + B'Q + C'R + D'S + \cdots \\
r &= L'' + A''P + B''Q + C''R + D''S + \cdots \\
s &= L''' + A'''P + B'''Q + C'''R + D'''S + \cdots \\
&\cdots\cdots
\end{aligned}$$

これより明らかに $p, q, r, s, \cdots$ の最確値はそれぞれ $L, L', L'', L''', \cdots$ であり，これらの確定値に与えられる精密さの程度は，はじめの観測値の精密さを1とおくとき，それぞれ $\sqrt{\dfrac{1}{A}}, \sqrt{\dfrac{1}{B'}}, \sqrt{\dfrac{1}{C''}}, \sqrt{\dfrac{1}{D'''}}, \cdots$ で表わされる．[*] そして，これまで未知数 s の確定に関して示してきたこと(δ''' には $\dfrac{1}{D'''}$ を対応させた)は，未知数の単なる並び換えによって残りすべてのものにあてはめることができる．

13

これまで調べてきたことを一つの例で説明しよう．いま同程度の精密さをもつと仮定できる観測によって

$$\begin{aligned}
p - q + 2r &= 3 \\
3p + 2q - 5r &= 5 \\
4p + q + 4r &= 21
\end{aligned}$$

が得られたとし，さらにこれらの半分の精密さをもつとする第4の観測によって

$$-2p + 6q + 6r = 28$$

が得られたとする．最後の方程式の代りに，方程式

---

[*] 補記　もし量 $a, b, c, \cdots$ の精密さの程度が $\alpha, \beta, \gamma, \cdots$ ならば，量 $x = a+b+c+\cdots$ の精密さの程度は $\sqrt{\dfrac{1}{\alpha^2} + \dfrac{1}{\beta^2} + \dfrac{1}{\gamma^2} + \cdots}$ である．

$$-p+3q+3r=14$$

を用いる．そして，これは精密さにおいて前のものと同程度の観測から得られたものとする．

したがって

$$P=27p + 6q \quad\quad -88$$
$$Q= 6p +15q+ \quad r-70$$
$$R= \quad\quad q+54r-107$$

が得られ，更に消去法によって

$$19899p=49154+809P- 324Q+ 6R$$
$$19899q=70659-324P+1458Q- 27R$$
$$19899r=38121+ 6P- 27Q+369R$$

が得られる．これより未知数の最確値は

$$p=2.470$$
$$q=3.551$$
$$r=1.916$$

であり，これらの確定値に与えられる相対的精密さは，もとの観測の精密さを1とするとき

$$p に対して \cdots \sqrt{\frac{19899}{809}}=4.96$$
$$q に対して \cdots \sqrt{\frac{19899}{1458}}=3.69$$
$$r に対して \cdots \sqrt{\frac{19899}{366}}=7.34$$

となる．

14

これまで扱われてきた対象は，さらにより優雅で解析的な研究のきっかけを与えることができる．けれどもそれらについては，我々の目的からあまりにも離れるので，ここではこれ以上立ち入らないことにする．同様の根拠で迅速な数値計算を行うためのアルゴリズムをもたらす技巧の議論も，次の機会まで保留することにする．ここではただ一つの注意を与えることにしよう．関数や前に示した方程式の数がかなり多い場合には，計算はとくにいくらか面倒になる．というのは，$P, Q, R, S, \cdots$ を導くためのはじめの方程式に掛けてある係

数は，たいてい不便な小数を含んでいるからである．このような場合，これらの積を対数を用いてできる限り正確に実行することは大変な苦労が必要とみられるので，これらの乗数の代りに，これらとほとんど変らず，計算により便利な他の数を用いることで間に合わされるのが普通である．この簡素化は，未知数の確定に対する精密さの程度が，はじめの観測の精度よりもずっと小さくなる場合を別として，目立った誤差を示すことはない．

15

ところで，ある量の観測値と計算値との差の平方は，最小和を生み出すべきであるという原理は，確率論とは独立に次の方法で考察することができる．

未知数の個数が，観測された量およびそれらに従属する量の個数に等しいならば，前者は後者を十分満たすように決定される．しかし前者の数が後者の数よりも少ない場合は，観測が絶対的な精密さに恵まれない限り，絶対的に厳密な一致を得ることはできない．したがってこの場合できるだけよい一致を得ることや，差を可能なかぎり小さくするための努力をしなければならない．しかし，この主張はその特性としていくらか不確定のものを含んでいる．すなわち未知数の値の二つの系があって，一方の**すべて**の差が他方の差よりも小さい場合には，前者が後者より明らかに優位に立つと考えられるけれども，若干の観測値については一方が，そして他の観測値については他方がよりよい一致を示すような二つの系についての選択は，ある点において我々の判断にまかせられる余地がある．そして明らかに上の条件が満たされる数えきれないほどの原理が提案されうる．観測値と計算値との差を $\it\Delta, \Delta', \Delta''\cdots$ で表わすことにすると，上の条件は $\it\Delta^2+\Delta'^2+\Delta''^2\cdots$ が最小である（我々の原理にふさわしい）ときばかりでなく $\it\Delta^4+\Delta'^4+\Delta''^4+\cdots$ や $\it\Delta^6+\Delta'^6+\Delta''^6+\cdots$ あるいは任意の偶数指数のべきの和が最小であるときでも満たされる．しかしこれらすべての原理の中で我我のものこそもっとも単純なものであり，他の場合は複雑な計算に巻き込まれてしまう．ところで，我々の原理は1975年からずっと用いられてきたものであるが，最近 Legendre がその著 "Nouvelles méthodes pour la détermination des orbites des comètes(彗星の軌道を決定するための新しい方法), Paris, 1806" の中で体系づけをした．そこでは，この原理の他の多くの特性も説明されているが，我々は今は簡潔に済ますために省略する．

今仮に無限に大きい偶数指数をもつべきをとりうるならば，それによって最

大の差がいくらでも小さくなるような系を導くことができるであろう．

Laplace は，未知数の個数よりも式の個数の方が多い一次方程式の解法に他の原理を用いた．その原理は，彼の時代すでに Boscovich によって述べられていたものであるが，すべて正の値をとるようにした差そのものについて和をできるだけ小さくしようとするものである．この原理だけから求められる未知数の値の系は，与えられた方程式の中から未知数の個数と同じ個数だけの[*)]方程式を正確に満たさなければならないことが簡単に示される．だから残りの方程式は，それらが**重大な選択に貢献する**場合に限り考慮される．したがって，たとえば方程式 $V=M$ が満たされない方に属するならば，もしたとえ M の代りに，何か他の信用できる値 N が観測されたとしても，差 $M-n$ および $N-n$ が同符号である場合には，この原理によって見出された値の系について何も変更されない．ここに n は計算値を表わすものとする．更に Laplace は新しい条件を追加することによって，ある観点でこの原理を整えた．すなわち彼は符号も考慮した差そのものの和が 0 となることを要求した．これによって正確に表わされた方程式の個数は，未知数の個数よりも一つだけ少なくなることがわかる．しかしそれにもかかわらず，少なくとも二つの未知数が存在するだけで，上で述べたことはつねに生じるであろう．

16

これら一般的な議論に次いで，我々は再び我々固有の計画にもどるが，そのために前者が必要となる．最小限必要な数よりも多くの観測値をもとにして，できるかぎり正確な軌道の決定に取りかかるには，その前にすでにすべての観測値とあまりひどくは離れていない近似的な測定が存在しなければならない．できるかぎり正確な適合を得るためにこの近似的要素になされるべき修正こそ，問題にしている課題の量とみなすべきである．これらは非常に小さいので，それらの平方や積は無視できるものと仮定してよい．したがって，計算された天体の地心の位置を得るための修正は，第1篇第2章で与えられた微分方程式によって計算することができる．ゆえにそこから求められ，修正された要素をもとに計算された位置は，要素の修正値の一次関数によって表わされる．そして，それらを観測された位置と比較すれば，上で説明された原理に従って

[*)] 解が，ある点において不確定である特別な場合を除いて．

最確値が決定される．これらの操作はかなり単純であるから，これ以上幅広い解説を必要としない．そして任意に多数の広範な，たがいに離れた観測を用いることができることもおのずから明らかである．そして，ある程度長期間の観測が行われ，しかも可能な限り最高の決定が望まれるときは，この方法はまた彗星の**放物線**軌道の修正にも利用される．

17

上で述べた方法は，最高の精密さが望まれる場合にはとてもよく適している．しかしとくに観測があまり長期にわたらず，したがって軌道のいわば最終的な決定がまだなされていない場合には，莫大な計算をきりつめるために時にはためらわずにこの方法を捨てる場合も生じる．このような場合には，すばらしく利用価値のある次の方法が取りあげられる．

観測値のすべてを用いて二つの正確な位置 L と L' が選ばれたとする．そしてそれぞれに対応する時刻に，近似的要素から地球とその天体との距離が計算されたものとする．そのときこの距離に関して三つの仮説を設ける．第1の仮説は計算された値通りであるとする．第2の仮説は最初の距離に差異があり，第3の仮説は2番目の距離に差異があるとする．二つの差異は，これらの距離に関して想定される不確かさに応じて自由にとることができる．これら三つの仮説を次の図式で表わす．

	仮説 I	仮説 II	仮説 III
最初の位置に対応する距離*)	D	$D+\delta$	D
2番目の位置に対応する距離	D'	D'	$D'+\delta'$

これら三つの仮説に応じて，第1篇で説明された方法を用い，二つの位置 L と L' から要素の系三つが計算される．そしてこれらすべてから，残りすべての観測の時刻に対応しているこの天体の地心の位置が求められる．これらを（個々の黄経と黄緯あるいは赤経と赤緯をとくに記録して）次のようにおく：

第 1 の 系 で………… $M, \quad M', \quad M'', \cdots$

第 2 の 系 で………… $M+\alpha, \; M'+\alpha', \; M''+\alpha'', \cdots$

第 3 の 系 で………… $M+\beta, \; M'+\beta', \; M''+\beta'', \cdots$

---

*) 距離自身の代りに軌道面に正射影された距離の対数を用いた方がより便利である．

さらに観測された位置を
それぞれ次のようにおく……　　N,　　　　N',　　　　N'',　….

今距離 D, D' の小さな差異に対し，それらに対応する個々の要素の差異が比例しており，地心の位置もそれらから計算されたものであるとする．このとき，要素の4番目の系から計算された地心の位置は，地球からの距離を $D+x\delta$, $D'+x\delta'$ と定めるとき，それぞれ $M+\alpha x+\beta y$, $M'+\alpha' x+\beta' y$, $M''+\alpha'' x+\beta'' y$, … であると仮定することができる．これから前述の研究により，量 x と y は(観測の相対的精密さを計算に持ち込むことによって)それぞれの値が $N, N', N'', \cdots$ と可能な限り一致するように決定される.

18

この方法は，二つの地心の位置が正確であり，その上他の位置もできる限り正確に表わされている点において，これまでの方法と区別される．すなわち他の方法ではどれか一つの観測値が他のものより優れているとされることはなくて，誤差はできるかぎりすべてに分布している．したがって前節の方法は，位置 L, L' が誤差のある部分をとることにより，他の位置における誤差を著しく小さくすることができる場合に限り以前の方法に代ってとられるものである．けれども，たいていは観測値 L, L' を適当に選ぶことによって，その差が大きな意味をもつことは簡単に避けることができる．そのために L, L' として，十分な精密さを満たすばかりでなく，それらと距離から導かれた要素が，地心の位置の小さな変化によって，あまり大きく影響されない観測値を選ぶ努力をしなければならない．したがって，もし時間的にあまり離れていない観測値から選んだり，あるいは対応する位置が太陽の中心の位置のすぐ近くかあるいはそれに一致しているような観測値から選ぶならば，つまらない結果を得るだけであろう.

Ⅳ Pallas の軌道要素についての研究
―― 1803, 1804, 1805, 1807, 1808, 1809 年の衝より ――

1

　1802年3月に発見されたPallasの第一惑星群は，これまでに丁度7回周期的に現われた．けれども最初に現われたときは，太陽との衝を昼に通過してしまったので，これまで6個の衝のみが計算された．それらは大部分，多くの天文台で十分な精密さで確定することができるほどよく観測された．しかし1808年の衝だけは例外であった．というのはその年に惑星は軌道の遠日点にあり，光が弱いために十分な観察をすることが困難であったからである．そのために天文学者からいくらか軽視されていたことを私は確かに認めている．実際，De Lindenau 氏は Seeberg の最も優れた子午儀を用い，手なれた操作で観測をした衝の時刻に関して，昇交点については十分多くの正しい貯えを備えていた．しかし赤緯についてはほとんど貯えがなかったので，それを私はあまり確実でない他の方から得ていた．だからその衝とその他の衝を同じ精密さで評価することはまったく許されていなかった．主として緯度は非常に不確実のままであった．

2

　誰が観測した資料であろうとも，軌道要素の決定をより正確にするために，毎年それらをすべて集め注意深く整理し，前年の観測と組合せるのが普通であった．1807年の終り頃整理されたこのような最終計算を基に軌道要素がまとめられ，それが裁判所の役人 De Zach 氏が編集している「天文情報雑誌」の第XⅧ巻1808年1月号に載った．5回目の衝に当る年の翌年には観測資料が欠乏したので，私は新しい計算を行わなかった．そこで6番目の衝に関する1809年の観測を基になされる計算を，他の衝の計算と一緒に行うことを委ねて，ようやく私は引き返してきた．そしてそれを1810年2月24日付の「最新情報」に公表した．いまここに，これまで観測された6個の衝のすべてを一覧表にして

示す.

Göttingen の子午線に対する衝の時刻	1803年の始めからの日数	日 心 経 度	地 心 緯 度
年 月 日 時 分 秒 1803 6 30 0 27 32	181.019120	277°39′ 24.0″	+46°26′ 36.0″
1804 8 30 4 58 27	608.207257	337 0 36.1	+15 1 49.8
1805 11 29 11 15 4	1064.468796	67 20 42.9	−54 30 54.9
1807 5 4 14 37 41	1585.609502	223 37 27.7	+42 11 25.6
1808 7 26 21 17 32	2034.887176	304 2 59.7	+37 43 53.7
1809 9 22 16 10 20	2457.673843	359 40 4.4	− 7 22 10.1

3

　もし Pallas が Kepler の法則に従って正確に楕円軌道を描いていたとすれば，最も結びつきの強い 1803, 1804, 1805, 1807 年の 4 個の衝から，最新の要素が一番少ない誤差で得られたはずである．そして又，それらに最も近い衝についても，1～2 分の範囲で一致をみなければならなかったはずであった．しかし実際には厳密な一致からは隔たりがあり，それら不一致な要素は第 5 の衝においてはすでに 4 分ほど上昇しており，第 6 の衝においては 12 分も離れてしまうほどであった．無論我々の惑星は，他の惑星とくに Iove から，その運動において，厳密な意味では純粋な楕円軌道を維持することができないほど摂動を受けている．ここに別の組合せの 4 個の衝に応じて得られた他の要素も一緒に示しておく．すなわち一つは 1804, 1805, 1807, 1808 年の衝から，もう一つは 1805, 1807, 1808, 1809 年の衝から得た要素の系を基に計算して確認されたものである．これらの少しずつ異なっている要素の系をより良くまとめることができるように，ここに別々に示しておく．

1. 1803, 1804, 1805, 1807 年の衝から得た Pallas の軌道要素

Göttingen の子午線に対する 1803 年の平均経度……………221°39′ 30″4
平均回帰運動…………………………………………………………770″2143
近日点経度 1803 ……………………………………………………121° 3′ 11″4
昇交点経度 1803 ……………………………………………………172 28 56.9
軌道傾斜………………………………………………………………34 37 41.0

離心率 (＝sin 14° 10′ 58″ 81)･････････････････････････････0.2450198
長半径の対数 ･･0.4423149

2. 1804, 1805, 1807, 1808 年の衝から得た Pallas の軌道要素
平均経度 1803 ･････････････････････････････････････221°34′ 56″7
平均回帰運動･･770″4467
近日点経度 1803 ･･･････････････････････････････････121° 5′ 22″1
昇交点経度 1803 ･･･････････････････････････････････172 28 46.8
軌道傾斜･･34 37 31.5
離心率 (＝sin 14°10′ 4″08)･････････････････････････････0.2447624
長半径の対数 ･･0.4422276

3. 1805, 1807, 1808, 1809 年の衝から得た Pallas の軌道要素
平均経度 1803 ･････････････････････････････････････221°23′ 24″6
平均回帰運動･･770″9265
近日点経度 1803 ･･･････････････････････････････････120°58′ 4″8
昇交点経度 1803 ･･･････････････････････････････････172 27 52.4
軌道傾斜･･34 36 49.4
離心率 (＝sin 14°9′ 36″63)･････････････････････････････0.2446335
長半径の対数 ･･0.4420473

4

Pallas が他の惑星から受ける摂動がどれほど大きくても，いくつかの観察では，4個の衝に適する軌道要素がそのままで惑星の運動に十分満足な結果を与えている．そればかりか，もし時間の間隔が極端に大きくなければ，前後の星の運動にもほとんど合致する．たとえば第3節における2．の軌道要素は，1803年の衝では3分，1809年の衝では5分ほど，観測された日心経度と異なるのみであった．いずれにしても将来は，惑星運動のために作られた天体位置推算暦によって，前もって4個の衝から最もよい近似で導かれた純粋の軌道要素が適切に用いられるようになるだろう．もし摂動から多くの方程式を得たとしても，惑星の日心位置の一つでさえ前の規則で行った軌道要素の計算よりも面倒な計算をしなければならない．したがって，惑星を発見するために十分な地心

の位置を予言するのに，小さな誤差を持つことは許されるだろう．

5

　それにもかかわらず，科学的態度はより確実な一致についての見通しを与えることを要求する．それは，摂動が計算に取り入れられてからでなければ得ることができないことは明らかである．私の情報によれば，たしかに観測があまりにも短い期間に行われたので，長くて厄介な多くの計算をするにはまだ時機尚早であった．そして残りの惑星から受ける摂動も，ほとんど公表されていなかった．ところが観測されたすべての位置を互いに結び合せて得られるべき楕円運動が，それ以上には補充されないならば，何かより精密な理論から考えなければならない時がくるのは明らかである．Pallas がとくに Iove から受ける摂動の計算を如何に最も都合よくかつ完全に解くかを探り出す方法について，さらに他の惑星に附随するかなり大きな偏心や軌道傾斜をどのように利用することができるか，あるいは最も適しているとみなされている軌道要素に摂動の計算を如何に取り入れ修正していくかについては，後に他の場所で述べるつもりである．私は，二,三の衝を正確に満たすというより，これまで観測したすべての衝の位置をできる限りよい近似で満たすような軌道要素を探り出そうと思う．そのような仕事を処理する方法を，私はすでに「天体運動論」187 節 (本訳書Ⅲ 16 節) で簡単に述べた．しかし私がそこで一般的に取扱った事柄は，観測の位置が衝である特別な場合にはある種の省略が許される．そればかりでなく，私が最小 2 乗法を運用するのに，長い間愛用してきたある種の実用的な技巧も，そこでは与えられていない．だから，ここで私がこれらの計算をより詳しく再現するのをみて，天文学者達がうんざりしないように願っている．これからは，すべて近似的要素に加えられる**修正量**を確定することが中心的な話題となる．ただしこれらの要素は，あらゆる観測位置からそれほど離れていないと仮定する．そこですべての作業は二つの部分に分けられる．すなわち最初は個々に観測された位置を満たす一次方程式を作ることであり，次はこれらの方程式から未知数の適切な値を見つけることである．

6

　近似的要素として次のようにおく．
　L　ある任意の元期に対する惑星の平均経度

t　元期から観測時までに経過した日数
Γ　平均日日運動
Π　近日点経度
e　$=\sin\varphi$　離心率
a　長半径
r　動径
v　真近点離角
E　離心近点離角
Ω　昇交点経度
i　軌道傾斜
u　緯度引数
λ　日心経度
γ　日心緯度
β　地心緯度
R　地球から太陽までの距離

さらに観測されるべきものとして

α　日心経度
σ　地心緯度

とおく. 最後に量 $L, \Gamma, \Pi, \cdots$ の補正量を $dL, d\Gamma, d\Pi, \cdots$ で表わすことにする. そうすれば

　　$dL+td\Gamma$　は平均経度の補正量であり

　　$dL+td\Gamma-d\Pi$　は平均離角の補正量

である. したがって「天体運動論」の 15 節および 16 節によって

$$dv=\frac{a^2\cos\varphi}{r^2}(dL+td\Gamma-d\Pi)+\frac{a^2}{r^2}(2-e\cos E-e^2)\sin E d\varphi$$

$$dr=\frac{r}{a}da+a\tan\varphi\sin v(dL+td\Gamma-d\Pi)-a\cos\varphi\cos v d\varphi$$

となる. さらに緯度引数の補正量は

$$du=dv+d\Pi-d\Omega$$

であり,「天体運動論」の 52 節によって日心経度の補正量は

$$d\lambda=d\Omega-\tan\gamma\cos(\lambda-\Omega)di+\frac{\cos i}{\cos^2\gamma}du$$

となる. これから

$$d\lambda = \frac{a^2 \cos \varphi \cos i}{r^2 \cos^2 \gamma} dL$$
$$+ \frac{t\, a^2 \cos \varphi \cos i}{r^2 \cos^2 \gamma} d\Gamma$$
$$+ \left(\frac{\cos i}{\cos^2 \gamma} - \frac{a^2 \cos \varphi \cos i}{r^2 \cos^2 \gamma} \right) d\Pi$$
$$+ \frac{a^2 \cos i}{\gamma^2 \cos^2 \gamma} (2 - e \cos E - e^2) \sin E\, d\varphi$$
$$+ \left(1 - \frac{\cos i}{\cos^2 \gamma} \right) d\Omega$$
$$- \tan \gamma \cos(\lambda - \Omega) di$$

を得る．さらに

$$a^{\frac{3}{2}} \Gamma = 定数$$
$$r \sin(\beta - \gamma) = R \sin \beta$$
$$\tan \gamma = \tan i \sin(\alpha - \Omega)$$

であるから，微分法により

$$\frac{da}{a} = -\frac{2}{3} \frac{d\Gamma}{\Gamma},$$
$$\frac{dr}{r} + \cotang(\beta - \gamma) \cdot (d\beta - d\gamma) = \cotang \beta\, d\beta$$

あるいは

$$d\beta = \frac{\sin \beta \cos(\beta - \gamma)}{\sin \gamma} d\gamma - \frac{\sin \beta \sin(\beta - r)}{r \sin \gamma} dr,$$
$$d\gamma = \frac{\sin 2\gamma}{\sin 2i} di - \frac{1}{2} \sin 2\gamma \cotang(\alpha - \Omega) d\Omega$$

となる．ここで上で求めた dr の値等を代入すると

$$d\beta = -\frac{a \sin \beta \sin(\beta - \gamma) \tang \varphi \sin v}{r \sin \gamma} dL$$
$$+ \left\{ \frac{2 \sin \beta \sin(\beta - \gamma)}{3\Gamma \sin \gamma} - \frac{at \sin \beta \sin(\beta - \gamma) \tang \varphi \sin v}{r \sin \gamma} \right\} d\Gamma$$
$$+ \frac{a \sin \beta \sin(\beta - \gamma) \tang \varphi \sin v}{r \sin \gamma} d\Pi$$
$$+ \frac{a \sin \beta \sin(\beta - \gamma) \cos \varphi \cos v}{r \sin \gamma} d\varphi$$
$$+ \frac{2 \sin \beta \cos(\beta - \gamma) \cos \gamma}{\sin 2i} di$$

$$-\sin\beta\cos(\beta-\gamma)\cos\gamma\cotang(\alpha-\Omega)d\Omega$$

を得る．これより日心経度と地心緯度の値は，要素の補正値を考慮して $\lambda+d\lambda$, $\beta+d\beta$ となる．したがってそれぞれの衝ごとに二つの方程式

$$\alpha=\lambda+d\lambda$$
$$\mathcal{6}=\beta+d\beta$$

を得る．

7

この方法を2節で与えた Pallas の6個の衝に適用するのに，3節で概略を述べた要素の系2.を用いて計算を行えば，次の12個の方程式を得る：

　　計算された経度＝277°36′20.07″

と

　　地心緯度　　　＝＋46°26′29.19″

が既知である**第1の衝**より

$$0=-183.93''+0.79363\,dL+143.66\,d\Gamma+0.39493\,d\Pi$$
$$+0.95920\,d\varphi-0.18856\,d\Omega+0.17387\,di$$
$$0=\ \ -6.81''-0.02658\,dL+46.71\,d\Gamma+0.02658\,d\Pi$$
$$-0.20858\,d\varphi+0.15946\,d\Omega+1.25782\,di.$$

　　計算された経度＝337°0′36.04″

　　地心緯度　　　＝＋15°1′46.71″

である**第2の衝**より

$$0=-0.06''+0.58880\,dL+358.12\,d\Gamma+0.26208\,d\Pi$$
$$-0.85234\,d\varphi+0.14912\,d\Omega+0.17775\,di$$
$$0=-3.09''+0.01318\,dL+28.39\,d\Gamma-0.01318\,d\Pi$$
$$-0.07861\,d\varphi+0.91704\,d\Omega+0.54365\,di.$$

　　計算された経度＝67°20′42.88″

　　地心緯度　　　＝－54°31′3.88″

である**第3の衝**より

$$0=-\ \ 0.02''+1.73436\,dL+1846.17\,d\Gamma-0.54603\,d\Pi$$
$$-2.05662\,d\varphi-0.18833\,d\Omega-0.17445\,di$$
$$0=-\ \ 8.98''-0.12606\,dL-\ 227.42\,d\Gamma+0.12606\,d\Pi$$
$$-0.38939\,d\varphi+0.17176\,d\Omega-1.35441\,di.$$

計算された経度 ＝223°37′25.39″
地心緯度　　　＝＋42°11′28.07″

である第4の衝より

$0 = -\ 2.31'' + 0.99584\, dL + 1579.03\, d\Gamma + 0.06456\, d\Pi$
$\qquad + 1.99545\, d\varphi - 0.06040\, d\Omega - 0.33750\, di$

$0 = +\ 2.47'' - 0.08089\, dL -\ 67.22\, d\Gamma + 0.08089\, d\Pi$
$\qquad - 0.09970\, d\varphi - 0.46359\, d\Omega + 1.22803\, di.$

計算された経度 ＝304°2′59.71″
地心緯度　　　＝＋37°44′31.82″

である第5の衝より

$0 = +\ 0.01'' + 0.65311\, dL + 1329.09\, d\Gamma + 0.38994\, d\Pi$
$\qquad - 0.08439\, d\varphi - 0.04305\, d\Omega + 0.34268\, di$

$0 = +\ 38.12'' - 0.00218\, dL +\ 38.47\, d\Gamma + 0.00218\, d\Pi$
$\qquad - 0.18710\, d\varphi + 0.47301\, d\Omega - 1.14371\, di.$

計算された経度 ＝359°34′46.67″
地心緯度　　　＝－7°20′12.13″

である第6の衝より

$0 = -317.73'' + 0.69957\, dL + 1719.32\, d\Gamma + 0.12913\, d\Pi$
$\qquad - 1.38787\, d\varphi + 0.17130\, d\Omega - 0.08360\, di$

$0 = +117.97'' - 0.01315\, dL -\ 43.84\, d\Gamma + 0.01315\, d\Pi$
$\qquad + 0.02929\, d\varphi + 1.02138\, d\Omega - 0.27187\, di.$

しかしながら，これら12個の方程式のうち第10番目のものは，観測された地心緯度があまりにも不確かなので完全であるとはいえない．

8

6個の未知数 $dL, d\Gamma, \cdots$ は，11個の方程式をすべてぴったりと満たすように決定されることはない．すなわち右辺のこれら未知数の各関数が，同時に0になることはない．だから我々は，これらの関数の平方の和を最小にするような値を求めようと思う．そこで一般に未知数 $p, q, r, s, \cdots$ の1次関数が次のように与えられたとする：

$$n\ + ap\ + bq\ + cr\ + ds\ +\cdots = w$$
$$n' + a'p + b'q + c'r + d's +\cdots = w'$$

$$n''+a''p+b''q+c''r+d''s+\cdots=w''$$
$$n'''+a'''p+b'''q+c'''r+d'''s+\cdots=w'''$$
$$\cdots\cdots.$$

このとき
$$w^2+w'^2+w''^2+w'''^2+\cdots=\Omega$$
が最小になるための条件方程式は次のようであることが容易に推論される：
$$aw+a'w'+a''w''+a'''w'''+\cdots=0$$
$$bw+b'w'+b''w''+b'''w'''+\cdots=0$$
$$cw+c'w'+c''w''+c'''w'''+\cdots=0$$
$$dw+d'w'+d''w''+d'''w'''+\cdots=0$$
$$\cdots\cdots.$$

あるいは簡単に
$$an+a'n'+a''n''+a'''n'''+\cdots \text{ を } [an]$$
$$a^2+a'^2+a''^2+a'''^2+\cdots \text{ を } [aa]$$
$$ab+a'b'+a''b''+a'''b'''+\cdots \text{ を } [ab]$$
$$\cdots\cdots$$
$$b^2+b'^2+b''^2+b'''^2+\cdots \text{ を } [bb]$$
$$bc+b'c'+b''c''+b'''c'''+\cdots \text{ を } [bc]$$
$$\cdots\cdots$$

等で表わすことにすれば，$p, q, r, s, \cdots$ は次の方程式から消去法により決定できることが容易に示される：
$$[an]+[aa]p+[ab]q+[ac]r+[ad]s+\cdots=0$$
$$[bn]+[ab]p+[bb]q+[bc]r+[bd]s+\cdots=0$$
$$[cn]+[ac]p+[bc]q+[cc]r+[cd]s+\cdots=0$$
$$[dn]+[ad]p+[bd]q+[cd]r+[dd]s+\cdots=0$$
$$\cdots\cdots.$$

しかし未知数 $p, q, r, s, \cdots$ の数がある程度多くなると，この消去はとてもぼう大で厄介な計算を要する．そこで我々はこの計算を著しく簡単にすることができる次の方法を用いる．係数 $[an], [aa], [ab]$ 等（これらの個数は，未知数の個数を μ とするとき $\frac{1}{2}(\mu^2+3\mu)$ となる）の他に
$$n^2+n'^2+n''^2+n'''^2+\cdots=[nn]$$
も計算されていると仮定すれば

$$\Omega = [nn] + 2[an]p + 2[bn]q + 2[cn]r + 2[dn]s + \cdots$$
$$+ [aa]p^2 + 2[ab]pq + 2[ac]pr + 2[ad]ps + \cdots$$
$$+ [bb]q^2 + 2[bc]qr + 2[bd]qs + \cdots$$
$$+ [cc]r^2 + 2[cd]rs + \cdots$$
$$+ [dd]s^2 + \cdots$$
$$\cdots\cdots$$

となることは容易にわかる．したがって

$$[an] + [aa]p + [ab]q + [ac]r + [ad]s + \cdots$$

を A で表わすならば，明らかに $\dfrac{A^2}{[aa]}$ の項のうちで，因数 p の現れるものはすべて Ω に含まれる．したがって $\Omega - \dfrac{A^2}{[aa]}$ は p とは無関係の関数でなければならない．そこで

$$[nn] - \frac{[an]^2}{[aa]} = [nn, 1]$$

$$[bn] - \frac{[an][ab]}{[aa]} = [bn, 1]$$

$$[cn] - \frac{[an][ac]}{[aa]} = [cn, 1]$$

$$[dn] - \frac{[an][ad]}{[aa]} = [dn, 1]$$
$$\cdots\cdots$$

$$[bb] - \frac{[ab]^2}{[aa]} = [bb, 1]$$

$$[bc] - \frac{[ab][ac]}{[aa]} = [bc, 1]$$

$$[bd] - \frac{[ab][ad]}{[aa]} = [bd, 1]$$
$$\cdots\cdots$$

とおくと

$$\Omega - \frac{A^2}{[aa]} = [nn, 1] + 2[bn, 1]q + 2[cn, 1]r + 2[dn, 1]s + \cdots$$
$$+ [bb, 1]q^2 + 2[bc, 1]qr + 2[bd, 1]qs + \cdots$$
$$+ [cc, 1]r^2 + 2[cd, 1]rs + \cdots$$
$$+ [dd, 1]s^2 + \cdots$$
$$\cdots\cdots\cdots$$

となる．この関数を Ω' で表わすことにする．

同様に
$$[bn,1]+[bb,1]q+[bc,1]r+[bd,1]s+\cdots=B$$
とおけば，$\Omega'-\dfrac{B^2}{[bb,1]}$ は q と無関係な関数となる．これを Ω'' で表わす．同じ方法で

$$[nn,1]-\dfrac{[bn,1]^2}{[bb,1]}=[nn,2]$$

$$[cn,1]-\dfrac{[bn,1][bc,1]}{[bb,1]}=[cn,2]$$

……

$$[cc,1]-\dfrac{[bc,1]^2}{[bb,1]}=[cc,2]$$

……

および
$$[cn,2]+[cc,2]r+[cd,2]s+\cdots=C$$
を作ると $\Omega''-\dfrac{C^2}{[cc,2]}$ はまた r と無関係な関数となる．同様な方法で，列 Ω, Ω', Ω'', $\cdots$ を作り，すべての未知数と無関係な式となるまで続ける．未知数の個数を μ で表わせば，この式は $[nn,\mu]$ である．したがって次の式を得る：

$$\Omega=\dfrac{A^2}{[aa]}+\dfrac{B^2}{[bb,1]}+\dfrac{C^2}{[cc,2]}+\dfrac{D^2}{[dd,3]}+\cdots+[nn,\mu].$$

ところで $\Omega=w^2+w'^2+w''^2+\cdots$ はその形から負の値をとることはできないから，分母 $[aa],[bb,1],[cc,2],[dd,3],\cdots$ は正でなければならないことが容易に示される．（けれども簡略を期すために，ここでは詳しい説明をしない．）これより Ω の最小値は，$A=0, B=0, C=0, D=0,\cdots$ のとき得られることがわかる．そこでこれら μ 個の方程式から未知数 $p, q, r, s, \cdots$ を決定しなければならないが，このことは逆の順序で非常に簡単に求められる．すなわち最後の方程式は明らかにただ一つの未知数を含むだけであり，その前の方程式は2個の未知数を含み，等々である．この方法は同時に和 Ω の最小値も知られるので非常に好ましいものである．明らかにその最小値は $[nn,\mu]$ である．

9

我々はいまこの手法を我々の例に適用しようと思う．ここで $p, q, r, s, \cdots$ はそれぞれ $dL, d\Gamma, d\Pi, d\varphi, d\Omega, di$ である．綿密に行った計算により，私は次の数値を得た：

$[nn] = +148848$
$[an] = -371.09$
$[bn] = -580104$
$[cn] = -113.45$
$[dn] = +268.53$
$[en] = +94.26$
$[fn] = -31.81$
$[aa] = +5.91569$
$[ab] = +7203.91$
$[ac] = -0.09344$
$[ad] = -2.28516$
$[ae] = -0.34664$
$[af] = -0.18194$
$[bb] = +10834225$
$[bc] = -49.06$
$[bd] = -3229.77$
$[be] = -198.64$
$[bf] = -143.05$
$[cc] = +0.71917$
$[cd] = +1.13382$
$[ce] = +0.06400$
$[cf] = +0.26341$
$[dd] = +12.00340$
$[de] = -0.37137$
$[df] = -0.11762$
$[ee] = +2.28215$
$[ef] = -0.36136$
$[ff] = +5.62456$

これらからさらに

$[nn, 1] = +125569$
$[bn, 1] = -138534$
$[cn, 1] = -119.31$
$[dn, 1] = -125.18$
$[en, 1] = +72.52$
$[fn, 1] = -43.22$
$[bb, 1] = +2458225$
$[bc, 1] = +62.13$
$[bd, 1] = -510.58$
$[be, 1] = +213.84$
$[bf, 1] = +73.45$
$[cc, 1] = +0.71769$
$[cd, 1] = +1.09773$
$[ce, 1] = -0.05852$
$[cf, 1] = +0.26054$
$[dd, 1] = +11.12064$
$[de, 1] = -0.50528$
$[df, 1] = -0.18790$
$[ee, 1] = +2.26185$
$[ef, 1] = -0.37202$
$[ff, 1] = +5.61905$

そして同様な方法で

$[nn, 2] = +117763$
$[cn, 2] = -115.81$
$[dn, 2] = -153.95$
$[en, 2] = +84.57$
$[fn, 2] = -39.08$
$[cc, 2] = +0.71612$
$[cd, 2] = +1.11063$
$[ce, 2] = -0.06392$
$[cf, 2] = +0.25868$
$[dd, 2] = +11.01463$
$[de, 2] = -0.46088$
$[df, 2] = -0.17265$
$[ee, 2] = +2.24325$
$[ef, 2] = -0.37841$
$[ff, 2] = +5.61686$

これらよりさらに

$[nn, 3] = +99034$
$[dn, 3] = +25.66$
$[en, 3] = +74.23$
$[fn, 3] = +2.75$
$[dd, 3] = +9.29213$
$[de, 3] = -0.36175$
$[df, 3] = -0.57384$
$[ee, 3] = +2.23754$
$[ef, 3] = -0.35532$
$[ff, 3] = +5.52342$

これらから同様に

$[nn, 4] = +98963$
$[en, 4] = +75.23$
$[fn, 4] = +4.33$
$[ee, 4] = +2.22346$
$[ef, 4] = -0.37766$
$[ff, 4] = +5.48798$

これらから

$[nn, 5] = +96418$
$[fn, 5] = +17.11$
$[ff, 5] = +5.42383$

そして最後に

$[nn, 6] = +96364.$

そこで未知数を決定するために次の6個の方程式を作る：

$$0 = + \quad 17.11'' + 5.42383\,di$$
$$0 = + \quad 75.23'' + 2.22346\,d\Omega - 0.37766\,di$$
$$0 = + \quad 25.66'' + 9.29213\,d\varphi - 0.36175\,d\Omega - 0.57384\,di$$
$$0 = - \quad 115.81'' + 0.71612\,d\Pi + 1.11063\,d\varphi - 0.06392\,d\Omega$$
$$+ 0.25868\,di$$
$$0 = -138534'' + 2458225\,d\Gamma + \quad 62.13\,d\Pi - 510.58\,d\varphi$$
$$+ 213.84\,d\Omega + 73.45\,di$$
$$0 = - \quad 371.09'' - 5.91569\,dL + 7203.91\,d\Gamma - 0.09344\,d\Pi$$
$$- 2.28516\,d\varphi - 0.34664\,d\Omega - 0.18194\,di,$$

これより次の値が得られる．

$$di = - \quad 3.15''$$
$$d\Omega = - \quad 34.37''$$
$$d\varphi = - \quad 4.29''$$
$$d\Pi = + \quad 166.44''$$
$$d\Gamma = +0.054335''$$
$$dL = - \quad 3.06''.$$

したがって，すべて6個の衝の位置をできるだけよい近似で満たすように補正された軌道要素は次のようである：

Göttingen の子午線に対する1803年の平均経度の元期 …… 221°34′ 53.64″
平均日日回帰運動 ……………………………………………… 770, 5010″
近日点経度 1803 ………………………………………………… 121° 8′ 8.54″
昇交点経度 1803 ………………………………………………… 172 28 12.43
軌道傾斜 ………………………………………………………… 34 37 28.35
離心率 (sin [14°9′ 59.79″]) …………………………………… 0.2447424
長半径の対数 …………………………………………………… 0.4422071.

10

いま得られた補正値 $dL, d\Gamma, \cdots$ を7節の12個の方程式に代入すれば，日心経度および地心緯度の観測値と計算値の差が次のように得られる：

衝の年	経度についての差	緯度についての差
1803	−111.00″	− 8.31″
1804	+ 59.18	−36.67
1805	+ 19.92	+ 0.07
1807	+ 85.77	+25.01
1808	+135.88	+28.72
1809	−216.54	+83.01

V 観測の精密さの決定

1

いわゆる最小2乗法の基礎づけに際し,観測誤差 $\varDelta$ の確率は,式

$$\frac{h}{\sqrt{\pi}}e^{-h^2\varDelta^2}$$

によって表わされるものと仮定した.ここに π は円周率を,e は自然対数の底を,また h はある定数を意味するものとする.この定数は「天体運動論」178節(本訳書Ⅲ7節)により,観測の精密さの程度とみなすことができる.観測が従う量の最確値を見つけ出すため最小2乗法を適用するときに,量 h の値は全く知る必要がなく,また結果の精密さの,観測の精密さに対する比も h には無関係である.けれどもこの量について知ることはそれ自身いつも興味があり,啓発されることが多いので,私は観測自身によって如何にすればそのような知識を得ることができるかを示そうと思う.

2

まず最初にこの問題を解明するためのいくらかの注意を述べる.簡潔にするために 0 を下端,t を上端とする積分

$$\int \frac{2e^{-t^2}dt}{\sqrt{\pi}}$$

の値を $\varTheta(t)$ によって表わす.いくらかの個々の数値によってこの関数の概略を示そう.

$$0.5000000 = \varTheta(0.4769363) = \varTheta(\rho)$$
$$0.6000000 = \varTheta(0.5951161) = \varTheta(1.247790\,\rho)$$
$$0.7000000 = \varTheta(0.7328691) = \varTheta(1.536618\,\rho)$$
$$0.8000000 = \varTheta(0.9061939) = \varTheta(1.900032\,\rho)$$
$$0.8427008 = \varTheta(1) \qquad\quad = \varTheta(2.096716\,\rho)$$

$$0.9000000 = \Theta(1.1630872) = \Theta(2.438664\,\rho)$$
$$0.9900000 = \Theta(1.8213864) = \Theta(3.818930\,\rho)$$
$$0.9990000 = \Theta(2.3276754) = \Theta(4.880475\,\rho)$$
$$0.9999000 = \Theta(2.7510654) = \Theta(5.768204\,\rho)$$
$$1 \qquad = \Theta(\infty)$$

観測誤差が限界 $-\Delta$ と $+\Delta$ の間にある確率，あるいはその絶対値が Δ よりも大きくない確率は，$x=-\Delta$ から $x=+\Delta$ までにわたる積分

$$\int \frac{h e^{-h^2 x^2} dx}{\sqrt{\pi}},$$

あるいはこの積分を $x=0$ から $x=\Delta$ までとったものの 2 倍すなわち

$$\Theta(h\Delta)$$

に等しい．

したがって誤差が $\frac{\rho}{h}$ より小さくない確率は $\frac{1}{2}$ であり，また $\frac{\rho}{h}$ より大きくない確率もそうである．我々はこの量 $\frac{\rho}{h}$ を**確からしい誤差**と名づけ r と記すことにする．そのとき誤差が $2.438664\,r$ を超える確率はわずかに $1/10$ であり，誤差が $3.818930\,r$ より大きい確率は $\frac{1}{100}$ にすぎない等々が云える．

3

我々は今，ある観測を m 回任意に行った際に誤差 $\alpha, \beta, \gamma, \delta, \cdots$ が生じたと仮定し，そのことから h と r の値に関して，何が推論されるかを調べてみよう．h の真の値を H とするかあるいは H' とするかによって二つの仮定がおかれる．そのときそれぞれの場合について，誤差 $\alpha, \beta, \gamma, \delta, \cdots$ が同時に期待される確率の比は

$$H e^{-H^2 \alpha^2} \times H e^{-H^2 \beta^2} \times H e^{-H^2 \gamma^2} \times \cdots$$

対

$$H' e^{-H'^2 \alpha^2} \times H' e^{-H'^2 \beta^2} \times H' e^{-H'^2 \gamma^2} \times \cdots$$

すなわち

$$H^m e^{-H^2(\alpha^2+\beta^2+\gamma^2+\cdots)} \quad 対 \quad H'^m e^{-H'^2(\alpha^2+\beta^2+\gamma^2+\cdots)}$$

である．したがって h の真の値が H であるかあるいは H' であるかの確率は，それら誤差の結果に応じてこの比になる（天体運動論 176 節（本訳書 III 5 節））．あるいは h のそれぞれの値の確率は量

$$h^m e^{-h^2(\alpha^2+\beta^2+\gamma^2+\cdots)}$$

に比例する．したがって h の**最確値**はそれによってこの量が最大となるものであり，これはよく知られた計算規則により

$$\sqrt{\frac{m}{2(\alpha^2+\beta^2+\gamma^2+\cdots)}}$$

に等しいことがわかる．よって r の最確値は

$$\rho\sqrt{\frac{2(\alpha^2+\beta^2+\gamma^2+\cdots)}{m}}$$

$$=0.6744897\sqrt{\frac{\alpha^2+\beta^2+\gamma^2+\cdots}{m}}$$

となる．この結果は一般に m が大きくても小さくてもよい．

4

この h と r の決定について，個数 m が小さければ小さいほど大きな精密さが得られることの可能性が小さくなることが容易にわかる．したがってこの決定に添えるべき精密さの程度を，m が大きな数である場合について述べることにする．我々は求められた h の推定値

$$\sqrt{\frac{m}{2(\alpha^2+\beta^2+\gamma^2+\cdots)}}$$

を簡単に H で表わすことにする．そして H が h の真の値である確率と，$H+\lambda$ が真の値である確率との比が

$$H^m e^{-\frac{m}{2}} : (H+\lambda)^m e^{-\frac{m(H+\lambda)^2}{2H^2}}$$

あるいは

$$1 : e^{-\frac{\lambda^2 m}{H^2}(1-\frac{1}{3}\frac{\lambda}{H}+\frac{1}{4}\frac{\lambda^2}{H^2}-\frac{1}{5}\frac{\lambda^3}{H^3}+\cdots)}$$

であることに注意する．

第 2 番目の項は最初の項に対して $\frac{\lambda}{H}$ が小さいときにはほとんど無視できるから，与えられた比の代りにこれを

$$1 : e^{-\frac{\lambda^2 m}{H^2}}$$

とみなすことが許される．このことは厳密に云うと次のように述べられる：すなわち h の真の値が $H+\lambda$ と $H+\lambda+d\lambda$ の間にある確率は

$$Ke^{-\frac{\lambda^2 m}{H^2}}d\lambda$$

に非常に近い．ここに K は λ のとりうる範囲での積分

$$\int K e^{-\frac{\lambda^2 m}{H^2}} d\lambda$$

が 1 に等しくなるように定められる定数である．ここで $\frac{\lambda}{H}$ が小さな分数でないときは，m の値のために限界では明らかに

$$e^{-\frac{\lambda^2 m}{H^2}}$$

が無視できる程度ならば，その限界の代りに限界 $-\infty$ と $+\infty$ をとることが許され，これより

$$K = \frac{1}{H}\sqrt{\frac{m}{\pi}}$$

となる．したがって h の真の値が $H-\lambda$ と $H+\lambda$ の間にある確率は

$$\Theta\left(\frac{\lambda}{H}\sqrt{m}\right)$$

である．ゆえに

$$\frac{\lambda}{H}\sqrt{m} = \rho$$

ならば，その確率は $\frac{1}{2}$ である．すなわち h の真の値が

$$H\left(1-\frac{\rho}{\sqrt{m}}\right) \text{ と } H\left(1+\frac{\rho}{\sqrt{m}}\right)$$

の間にあるかどうか，あるいは r の真の値が

$$\frac{R}{1-\frac{\rho}{\sqrt{m}}} \text{ と } \frac{R}{1+\frac{\rho}{\sqrt{m}}}$$

の間にあるかどうかに対する賭けは 1 対 1 である．ただし R は以前の節で見出された r の最確値を表わすものとする．これらの限界を，**h および r の真の値の信頼限界**と名づける．

明らかに r の真の値の信頼限界として，

$$R\left(1-\frac{\rho}{\sqrt{m}}\right) \text{ と } R\left(1+\frac{\rho}{\sqrt{m}}\right)$$

とおくこともできる．

5

これまでの研究において，我々は $\alpha, \beta, \gamma, \delta, \cdots$ を一定の与えられた量とみなすという見地に立ち，h あるいは r の真の値が一定の限界内にある確率の値を求めた．このことはまた他の観点から考察することもできる．そして観測誤差

が何かある一定の確率法則に支配されているという仮定のもとに，m個の観測誤差の平方の和が一定の限界内に落ちることが期待される確率を決定することができる．この課題はmが大きな数であるという条件のもとに，m個の観測誤差自身の和が一定の限界内に落ちる確率が求められるのと同様にすでにLaplaceによって解明された．この研究はなおさらに一般化できるが，ここではその結果を示すにとどめる．

$\varphi(x)$は$x=-\infty$から$x=+\infty$までにわたる積分$\int\varphi(x)dx$が1に等しくなるような観測誤差xの確率を表わすものとする．また，一般に同じ限界内の積分

$$\int\varphi(x)|x|^n dx$$

の値を$K^{(n)}$で表わすことにする．さらに和

$$\alpha^n+\beta^n+\gamma^n+\delta^n+\cdots$$

を$S^{(n)}$とする．ここに$\alpha,\beta,\gamma,\delta,\cdots$は未定の$m$個の観測誤差を意味するものとする．この和の部分和は奇数nに対してもすべて正となるべきである．

このとき$mK^{(n)}$は$S^{(n)}$の最確値であり，$S^{(n)}$の真の値が限界$mK^{(n)}-\lambda$と$mK^{(n)}+\lambda$の間に存在する確率は

$$\Theta\left(\frac{\lambda}{\sqrt{2m(K^{(2n)}-K^{(n)2})}}\right)$$

に等しい．したがって$S^{(n)}$の信頼限界は

$$mK^{(n)}-\rho\sqrt{2m(K^{(2n)}-K^{(n)2})}$$

と

$$mK^{(n)}+\rho\sqrt{2m(K^{(2n)}-K^{(n)2})}$$

である．この結果は一般に観測誤差のどの法則にも適する．我々はこれを

$$\varphi(x)=\frac{h}{\sqrt{\pi}}e^{-h^2x^2}$$

と置かれる場合に用いると

$$K^{(n)}=\frac{\Pi\frac{1}{2}(n-1)}{h^n\sqrt{\pi}} *)$$

を得る．ここに記号Πは "Disquisitiones generales circa seriem infinitam" (Comm. nov. soc. Gotting. T. II.) の意味にとるものとする．(M. 5. Art. 28

―――――――
*) （訳注） $\Pi z=\Gamma(z+1)$

der angef. Abh. 参照). したがって

$$K=1, \quad K'=\frac{1}{h\sqrt{\pi}}, \quad K''=\frac{1}{2h^2}, \quad K'''=\frac{1}{h^3\sqrt{\pi}}$$

$$K^{IV}=\frac{1\cdot 3}{4h^4}, \quad K^V=\frac{1\cdot 2}{h^5\sqrt{\pi}}, \quad K^{VI}=\frac{1\cdot 3\cdot 5}{8h^6}, \quad K^{VII}=\frac{1\cdot 2\cdot 3}{h^7\sqrt{\pi}}, \quad \cdots.$$

したがって $S^{(n)}$ の最確値は

$$\frac{m\Pi\frac{1}{2}(n-1)}{h^n\sqrt{\pi}}$$

であり $S^{(n)}$ の真の値の信頼限界は

$$\frac{m\Pi\frac{1}{2}(n-1)}{h^n\sqrt{\pi}}\left\{1-\rho\sqrt{\frac{2}{m}\left(\frac{\Pi\left(n-\frac{1}{2}\right)\cdot\sqrt{\pi}}{\left(\Pi\frac{1}{2}(n-1)\right)^2}-1\right)}\right\}$$

および

$$\frac{m\Pi\frac{1}{2}(n-1)}{h^n\sqrt{\pi}}\left\{1+\rho\sqrt{\frac{2}{m}\left(\frac{\Pi\left(n-\frac{1}{2}\right)\cdot\sqrt{\pi}}{\left(\Pi\frac{1}{2}(n-1)\right)^2}-1\right)}\right\}$$

である.

したがって前のように

$$\frac{\rho}{h}=r$$

とおけば, r は確からしい観測誤差を示し

$$\rho\sqrt[n]{\frac{S^{(n)}\sqrt{\pi}}{m\Pi\frac{1}{2}(n-1)}}$$

の最確値は明らかに r に等しい. そしてその量の値の信頼限界は

$$r\left\{1-\frac{\rho}{n}\sqrt{\frac{2}{m}\left(\frac{\Pi\left(n-\frac{1}{2}\right)\cdot\sqrt{\pi}}{\left(\Pi\frac{1}{2}(n-1)\right)^2}-1\right)}\right\}$$

と

$$r\left\{1+\frac{\rho}{n}\sqrt{\frac{2}{m}\left(\frac{\Pi\left(n-\frac{1}{2}\right)\cdot\sqrt{\pi}}{\left(\Pi\frac{1}{2}(n-1)\right)^2}-1\right)}\right\}$$

である.

したがってまた r が限界

$$\rho \sqrt[n]{\frac{S^{(n)}\sqrt{\pi}}{m\Pi\frac{1}{2}(n-1)}} \left\{ 1 - \frac{\rho}{n}\sqrt{\frac{2}{m}\left(\frac{\Pi\left(n-\frac{1}{2}\right)\cdot\sqrt{\pi}}{\left(\Pi\frac{1}{2}(n-1)\right)^2} - 1\right)} \right\}$$

と

$$\rho \sqrt[n]{\frac{S^{(n)}\sqrt{\pi}}{m\Pi\frac{1}{2}(n-1)}} \left\{ 1 + \frac{\rho}{n}\sqrt{\frac{2}{m}\left(\frac{\Pi\left(n-\frac{1}{2}\right)\cdot\sqrt{\pi}}{\left(\Pi\frac{1}{2}(n-1)\right)^2} - 1\right)} \right\}$$

の間にあるかどうかの賭けは 1 対 1 である．$n=2$ のときこの限界は

$$\rho\sqrt{\frac{2S''}{m}}\left\{1-\frac{\rho}{\sqrt{m}}\right\} \quad \text{と} \quad \rho\sqrt{\frac{2S''}{m}}\left\{1+\frac{\rho}{\sqrt{m}}\right\}$$

であり，前に (4 節) 求めたものと完全に一致する．一般に偶数 n に対しては，この限界は

$$\rho\sqrt{2}\sqrt[n]{\frac{S^{(n)}}{m\cdot 1\cdot 3\cdot 5\cdot 7\cdots(n-1)}}$$
$$\times\left\{1-\frac{\rho}{n}\sqrt{\frac{2}{m}\left(\frac{(n+1)(n+3)\cdots(2n-1)}{1\cdot 3\cdot 5\cdots(n-1)}-1\right)}\right\}$$

と

$$\rho\sqrt{2}\sqrt[n]{\frac{S^{(n)}}{m\cdot 1\cdot 3\cdot 5\cdot 7\cdots(n-1)}}$$
$$\times\left\{1+\frac{\rho}{n}\sqrt{\frac{2}{m}\left(\frac{(n+1)(n+3)\cdots(2n-1)}{1\cdot 3\cdot 5\cdots(n-1)}-1\right)}\right\}$$

であり，奇数 n に対しては

$$\rho\sqrt[n]{\frac{S^{(n)}\sqrt{\pi}}{m\cdot 1\cdot 2\cdot 3\cdots\frac{1}{2}(n-1)}}\left\{1-\frac{\rho}{n}\sqrt{\frac{1}{m}\left(\frac{1\cdot 3\cdot 5\cdot 7\cdots(2n-1)\pi}{(2\cdot 4\cdot 6\cdots(n-1))^2}-2\right)}\right\}$$

と

$$\rho\sqrt[n]{\frac{S^{(n)}\sqrt{\pi}}{m\cdot 1\cdot 2\cdot 3\cdots\frac{1}{2}(n-1)}}\left\{1+\frac{\rho}{n}\sqrt{\frac{1}{m}\left(\frac{1\cdot 3\cdot 5\cdot 7\cdots(2n-1)\pi}{(2\cdot 4\cdot 6\cdots(n-1))^2}-2\right)}\right\}$$

である．

6

なおもっとも簡単な場合について，数値を付け加えておく：

r の信頼限界

1. $0.8453473 \dfrac{S'}{m}\left(1 \mp \dfrac{0.5095841}{\sqrt{m}}\right)$

2. $0.6744897 \sqrt[2]{\dfrac{S''}{m}}\left(1 \mp \dfrac{0.4769363}{\sqrt{m}}\right)$

3. $0.5771897 \sqrt[3]{\dfrac{S'''}{m}}\left(1 \mp \dfrac{0.4971987}{\sqrt{m}}\right)$

4. $0.5125017 \sqrt[4]{\dfrac{S''''}{m}}\left(1 \mp \dfrac{0.5507186}{\sqrt{m}}\right)$

5. $0.4655532 \sqrt[5]{\dfrac{S^{\mathrm{V}}}{m}}\left(1 \mp \dfrac{0.6355080}{\sqrt{m}}\right)$

6. $0.4294972 \sqrt[6]{\dfrac{S^{\mathrm{VI}}}{m}}\left(1 \mp \dfrac{0.7557764}{\sqrt{m}}\right)$.

そしてこれらすべての中で，2 の形がもっとも有利であることがわかる．すなわち，この形に従って処理した観測誤差を 100 とするとき 1 に従ったときのは 114，3 に従ったときのは 109，4 に従ったときのは 133，5 に従ったときのは 178，6 に従ったときのは 251 に相当する確からしさの結果を与える．

けれども式 1 は計算にもっとも便利であるという長所をもっている．したがって誤差の平方の和をすでに知っていたり，あるいは知ることを望んだりしないときは，精密さにおいても 2 にそれほど劣ることもない 1 を用いてもかまわない．

7

精密さにおいてはかなり劣るけれども，次のものはより便利な方法である：すなわち，すべて m の個の観測誤差を，その大きさの（絶対値をとった）順に並べる．そしてその数が奇数ならばその中央の値を，また偶数ならば二つの中央値の相加平均を M となづける．そしてここではこれ以上詳述することができないことではあるが，次のことが示される．

すなわち観測の個数が大きいとき r は M の最確値であり，かつ M の信頼限界は

$$r\left(1-e^{\rho^2}\sqrt{\dfrac{\pi}{8m}}\right) \text{ と } r\left(1+e^{\rho^2}\sqrt{\dfrac{\pi}{8m}}\right)$$

である．又 r の値の信頼限界は

$$M\left(1-e^{\rho^2}\sqrt{\dfrac{\pi}{8m}}\right) \text{ と } M\left(1+e^{\rho^2}\sqrt{\dfrac{\pi}{8m}}\right)$$

あるいは数値で示すと

$$M\left(1\mp\frac{0.7520974}{\sqrt{m}}\right)$$

である.

したがってこの方法は式 6 を用いるよりもわずかに精密である. そして式 2 に従ったときの観測誤差を 100 とするのと同様の基準で計算すれば, この観測誤差は 249 の割合にしなければならない.

8

これらの方法のいくつかを Bode の天文学年鑑 1818 234 頁の中の Bessel による北極星の 48 個の赤経の観測の際に生じた誤差に適用して

$$S'=60.46'',\ S''=110.600'',\ S'''=250.341118''$$

が得られた. そしてこれより r の最確値が次のように得られた:

式 1 より……1.065″　誤差の限界 $=\pm 0.078''$
式 2 より……1.024　誤差の限界 $=\pm 0.070$
式 3 より……1.001　誤差の限界 $=\pm 0.072$
7 節より……1.045　誤差の限界 $=\pm 0.113.$

これはほとんど期待しなかった程の一致であった. Bessel 自身は 1.067″ を得ている. したがって式 1 に従って計算したように思われる.

Ⅵ 確率計算の実用的幾何の問題への応用
——H. C. Schumacher への書簡からの抜粋——

　貴殿の御希望により最小2乗法を実用的な幾何の問題すなわち正確に位置の知られたいくつかの点とある点との間の，同一の点から測った水平角をもとにその点の位置を求める問題へ応用するための方法をお報せします．この問題はまったく基本的であり，最小2乗法の本質を知っている人なら誰でも容易に説明することができます．一方この問題は実用的な幾何において，もっとも有用なものの一つであるけれども同時に全くそのような場には関係ない人々，したがって数式で書かれたものを苦手とする人達にもしばしば用いられます．

　ある一つの既知の点の座標を a, b とし，前者は北から南へ，後者は東から西へ向かうのを正とする．——横軸が真の子午線であるかどうかはこの際問題としない．同様に x, y は決定するべき点の近似的座標とし dx, dy はそれらの未知の補正量とする．φ および r を次の式に従って決定する：

$$\tan\varphi = \frac{b-y}{a-x}, \quad r = \frac{a-x}{\cos\varphi} = \frac{b-y}{\sin\varphi}.$$

ここに φ は r が正となるような象限で選ぶものとする．さらに

$$\alpha = \frac{206265''(b-y)}{r^2}, \quad \beta = -\frac{206265''(a-x)}{r^2}$$

とおく．このとき第1の点の方位角は第2の点から見て（横軸の方向を0とみて）

$$\varphi + \alpha\,dx + \beta\,dy$$

となる．ここに後の2項は秒で表わされるものとする．

　第1の点に関する φ, α, β と同じ意味で，位置の知られた第2の点に関しては $\varphi', \alpha', \beta'$，第3の点に関しては $\varphi'', \alpha'', \beta''$ 等々とする．

　いま角の測定が，決定すべき場所で，経緯儀を用い固定された計器から望遠鏡を順に異なる既知の点へ向けることによって行われるとする．この際くり返

し測ることはしないものとする．このとき読み取られた角を $h, h', h'', \cdots$ とするならば，観測が絶対的に正確であると仮定するとき式

$$\varphi -h +\alpha dx +\beta dy$$
$$\varphi' -h' +\alpha' dx +\beta' dy$$
$$\varphi''-h''+\alpha'' dx+\beta'' dy$$
$$\cdots\cdots$$

は，dx と dy の真の値を代入することによって同じ値を生ずるだろう．したがってそれらのうちの三つを等しいとおくとき，消去法により dx と dy の値が得られる．もしこのときただ3個の既知の点のみが観測されたならば，それ以上何も為すことはない．しかし観測された点がさらに多いときは，角の測定の誤差は上のすべての式を加え，和をそれらの個数で割り，この商とそれら個個の式との差を0とおきさらにこれらの方程式を例の最小2乗法の方式で処理することによってうまく調整される．

これに対して角の測定が互いに独立に行われるならば，そのおのおのからただちに未知数 dx と dy の間の方程式が生ずる．そしてこのとき，これらすべての方程式は最小2乗法に従って結合されるべきである．この際，もし必要ならば角の確からしさが同等でないときについても配慮することができる．そこで角はいつも左から右へ算えるものとし，たとえば第1と第2の点の間の角が i, 第2と第3の点の間の角が $i', \cdots$ のように測定されたとすれば，方程式

$$\varphi' -\varphi -i +(\alpha' -\alpha)dx+(\beta' -\beta)dy=0$$
$$\varphi''-\varphi'-i'+(\alpha''-\alpha')dx+(\beta''-\beta')dy=0$$
$$\cdots\cdots$$

が得られることになろう．これらの角の測定が等しい確かさをもつとすれば，これらの方程式から二つの標準方程式が作られる．第1はそれらに順に対応する dx の係数を，すなわち1番目には $\alpha'-\alpha$ を，2番目には $\alpha''-\alpha'$ を，…かけそれらをすべて加えることによって得られる．もう一つはそれらに dy の係数をかけて同様に加えることによって得られる．これに対し角の測定が同等でない確かさで行われるとき，それをたとえば最初は μ 回のくり返し，次は μ' 回のくり返し……によって基礎づけるならば，方程式は二つとも加える前にこれらの数 $\mu, \mu', \cdots$ を掛けておかなければならない．このようにして求められた二つの標準方程式から dx と dy が消去法により求められる．（最小2乗法をまだ知らない人達でもこの方法なら使える．そしてもしかするとそれらの

乗法の際に $\alpha'-\alpha$ 等の代数的記号については念入りに注意が払われなければならないという警告も必要かも知れない．）最後に私はこの際既知の点の座標が**正確**であるとみなされる場合によって**のみ**，角の測定の誤差が均等化されるということを注意しておく．

私はなおあなたから報告された Copenhagen の近くの Holkensbastion における角の測定をもとに，第2の場合についてのこの方法を説明します．ただ最後に述べた注意に関しては十分な厳密さで行われていないようにみえます．非常に小さな距離の場合には，与えられた座標の中で1フィートの10分のいくつかの小さな誤りが，角の測定における誤差よりもはるかに大きな影響を与えます．したがって角のできる限りの均等化の後で，角の観測の際にありうることとすることができる差よりもはるかに大きな差が残っていても不思議に思わなくてもよろしい．けれども一つの計算例のみが与えられている当面の場合の目的に対しては，このことは無視することができます．

Holkensbastion における角

Friedrichsberg—Petri 間	73°	35′	22.8″
Petri—Erlösersthurm 間	104	57	33.0
Erlösersthurm—Friedrichsberg 間	181	27	5.0
Friedrichsberg—Frauenthurm 間	80	37	10.8
Frauenthurm—Friedrichsthurm 間	101	11	50.8
Friedrichsthurm—Friedrichsberg 間	178	11	1.5

Copenhagen 天文台から計った Paris フィートによる座標

Petri	+ 487.7	+1007.7
Frauenthurm	+ 710.0	+ 684.2
Friedrichsberg	+2430.6	+8335.0
Erlösersthurm	+2940.0	−3536.0
Friedrichsthurm	+3059.3	−2231.2

観測地点の近似座標として
$$x=+2836.44, \quad y=+444.33$$
が採用された．したがって方位角が次のように見出された．

Petri ……………166° 30′ 42.56″ $+19.92\,dx+83.04\,dy$

Frauenthurm ...... 173° 33′ 50.54″ +10.80 dx +95.78 dy
Friedrichsberg ... 92 56 39.46 +26.07 dx + 1.34 dy
Erlösersthurm ...271 29 25.38 −51.79 dx − 1.35 dy
Friedrichsthurm...274 45 41.48 −76.56 dx − 6.38 dy

したがって計算された Friedrichsberg-Petri 間の角は

$$73°34′3.10″ -6.15\,dx +81.70\,dy$$

であり，これを観測された値と比べると方程式

$$-79.70″ -6.15\,dx +81.70\,dy = 0$$

を得る．同様にして5個の他の方程式が得られる：

$$+69.82″ - 71.71\,dx - 84.39\,dy = 0$$
$$+ 9.08 + 77.86\,dx + 2.69\,dy = 0$$
$$+ 0.28 - 15.27\,dx + 94.44\,dy = 0$$
$$+ 0.04 - 87.36\,dx - 102.16\,dy = 0$$
$$- 3.42 +102.63\,dx + 7.72\,dy = 0.$$

観測に同等の正確さを与えるならば，これら6個の方程式の組から二つの標準方程式

$$+29640\,dx +14033\,dy = + 4168″$$
$$+14033\,dx +33219\,dy = +12383″$$

が得られ，これより値

$$dx = -0.05, \quad dy = +0.40$$

あるいは Holkenbastion の修正された座標

$$+2836.39 \text{ と } +444.73$$

が得られる．この dx と dy の値を代入した後で計算した角と観測した角の間に残っている差は，測定のせいにするにはあまりにも大きすぎる．そしてこのことは上で注意したことであるが，既知の点の座標はフィートの10分の1までは信頼されないこと，したがってたしかに又求められた修正値自身も今度は何か不確かさを残していることを示している．

この計算の際の基礎になっていた Holkenbastion の近似的座標は**直接**の方法で上の角の4番目と5番目から計算された．この直接の方法はかなり使いつくされた手段であるけれども，なお完全を期すためにここでそれがよく使われるような状態に近づけよう．

a, b を第1の既知の点の座標とする．（この点は三つの既知の点から希望によ

り選ばれる.）第2の点の座標を
$$a+R\cos E, \quad b+R\sin E$$
の形で，また第3の点の座標を
$$a+R'\cos E', \quad b+R'\sin E'$$
の形で表わす．さらに観測点の求める座標を
$$a+\rho\cos \varepsilon, \quad b+\rho\sin \varepsilon$$
によって表わす．次にここで観測された第1の点と第2の点の間の角を M とし，第1の点と第3の点の間の角を M' とする．これらの角は左から右へとるものとし，それらが180°を超える場合には最初に180°だけ減らしておくか，あるいは同じことであるが角が逆向きに180°以下であるならばその角の代りに180°に対する補角をとるように仮定する.*) さらに
$$\frac{R}{\sin M}=n, \quad \frac{R'}{\sin M'}=n'$$
$$E-M=N, \quad E'-M'=N'$$
とおく．（ここで必要ならば前もって360°を加えておく．）これらを仮定すると二つの方程式
$$\rho=n\sin(\varepsilon-N), \quad \rho=n'\sin(\varepsilon-N')$$
が得られる．これらは
$$n=\frac{1}{\rho}\sin(\varepsilon-N), \quad n'=\frac{1}{\rho}\sin(\varepsilon-N')$$
と書かれるならば「天体運動論」82節の問題に属する式になる．そこで与えられた解の一つから次の規則が導かれる：

n' が n より大きいか少なくとも小さくはないと仮定する．どの点を第2の点あるいは第3の点とみなすかは任意であるからこのことは許される．
$$\frac{n}{n'}=\tan \zeta$$
$$\frac{\tan\frac{1}{2}(N'-N)}{\tan(45°-\zeta)}=\tan \psi$$
とおくと
$$\varepsilon=\frac{1}{2}(N+N')+\psi$$

---

*) このことの目的は次の量 n, n' をつねに正にすることにあり，これによって代数記号についての注意が少なくてすむ．

となり，ε が求まれば ρ は上の式の一つから計算される．あるいは両方を用いればなお容易に計算される．

我々の例において仮に Frauenthurm を第1の点，Friedrichsberg を第2の点，Friedrichsthurm を第3の点とみなせば

$$a = +710.0 \qquad b = +684.2$$
$$E = 77°19'31.92'' \qquad E' = 308°51'45.77''$$
$$\log R = 3.8944205 \qquad \log R' = 3.5733549$$
$$M = 99°22'49.20'' \qquad M' = 101°11'50.80''$$

（上の注に従って）

$$N = 337°56'42.72'' \qquad N' = 207°39'54.97''$$
$$\log n = 3.9002650 \qquad \log n' = 3.5817019$$

となる．ここで $n > n'$ だから順序を替えて

$$N = 207°39'54.97'' \qquad N' = 337°56'42.72''$$
$$\log n = 3.5817019 \qquad \log n' = 3.9002650$$

とする．

その上さらに

$$\zeta = 19°39'3.87'', \quad \psi = 80°45'31.69'', \quad \varepsilon = 353°33'50.53''$$

と $\log \rho = 3.3303990$ および Holkensbastion の座標 $+2836.441$ と $+444.330$ が得られる．

VII クロノメーターによる経度の決定
——H. C. Schumacher への書簡からの抜粋——

　時刻 $\Theta, \Theta', \Theta'', \cdots$(全部で n 個)にはクロノメーターが経度 $x, x', x'', \cdots$ である場所の時刻よりも $a, a', a'', \cdots$ だけ進んでいるものとする．私は与えられた時刻 $\Theta, \Theta', \Theta'', \cdots$ がある一つの場所におけるものであることを仮定する．したがってクロノメーターの一日の進みが u ならば，クロノメーターが完全である限り，$n-1$ 個の方程式

$$a - \Theta u - x = a' - \Theta' u - x' = a'' - \Theta'' u - x''$$
$$= a''' - \Theta''' u - x''' = \cdots$$

が得られる．未知数 $u, x, x', x'', \cdots$ を決定するのにこれらの方程式が十分になるには，第一に量 $x, x', x'', \cdots$ の一つが与えられたものとみなされること，およびもう一つは，少なくとも一つの場所は2度観測されること，すなわち量 $x, x', x'', \cdots$ のうちの二つは同じであることである．今二つより多くは等しくない場合にはこの問題は完全に決定される．それ以外の場合にはこの問題は超確定である．このとき未知数は $n-1$ 個の方程式

$$0 = a\ -a'\ +(\Theta'\ -\Theta)\ u - x\ +x'$$
$$0 = a'\ -a''+(\Theta''-\Theta')u - x'+x''$$
$$0 = a''-a'''+(\Theta'''-\Theta'')u - x''+x'''$$
$$\cdots\cdots$$

ができる限り正確に満たされるように決定されなくてはならない．と云うのはどんなクロノメーターもつねに不完全さをもつから，すべてを正確に満たすことはあり得ないからである．しかし明らかにこれらの方程式に同等の重みを添えることは許されない．何故ならば実際

$$a - a'\ +(\Theta'\ -\Theta)u - x\ +x'$$
$$a'- a''+(\Theta''-\Theta')u - x'+x''$$
$$\cdots\cdots$$

で表わされる諸量は単にクロノメーターの，時間 $\Theta'-\Theta, \Theta''-\Theta', \cdots$ 内におけ

る平均の進みからのあらゆる変差の集まりを表わすものであって,もし実際に徐々に単調な意味で増加するような変動をすることはなく,平均運行をする良いクロノメーターを話題にするならば,そのような集まりの平均誤差は,時間の平方根に比例するようにおかなければならないからである.

したがって上の方程式には,それらを最小2乗法に従う方式で扱うときに,時間 $\Theta'-\Theta$, $\Theta''-\Theta'$, $\Theta'''-\Theta''$, … に反比例する同等でない重みを添えなければならないだろう.

このとき解法に困難なところはなく,$u, x, x', x'', \cdots$ の最適値も,それらの相対的な信頼度も得られる.これに添えてなお若干の注意をしておく.

1) もし最初と最後の観測が同じ場所で行われるならば,u の最適値は単に二つの最も離れた観測を比較することによって得られるものと全く同じである.このとき計算は容易に証明できる命題により,この u の最適値をただちに方程式に代入すること,あるいは同じことであるが,あらゆる観測されたクロノメーター時刻を進みが0であるような架空の時刻に置換えることが許されるのできわめて簡単である.

2) 方程式に単に重み

$$\frac{1}{\Theta'-\Theta}, \frac{1}{\Theta''-\Theta'}, \cdots$$

を添えるとき,既知の運行に関して,経度差を1日の時間間隔について定めるものとすれば(時刻 $\Theta, \Theta', \Theta'', \cdots$ が日を単位として表わされている限り)**この**クロノメーターに期待できる精密さが,経度の決定の最終結果として求められる重みの基礎の単位になる.しかしながら同等の品質でない**異なる**クロノメーターの結果を比較するためには,なおそれぞれ個々のクロノメーターの品質に依存する要因を附け加えなくてはならない.これを求めるために

$$a-a' + (\Theta'-\Theta)u - x + x'$$
$$a'-a'' + (\Theta''-\Theta')u - x' + x''$$
$$a''-a''' + (\Theta'''-\Theta'')u - x'' + x'''$$
$$\cdots\cdots$$

で表わされる諸量における $u, x, x', x'', \cdots$ に,求められた最適値を代入することによって得られる値を $\lambda, \lambda', \lambda'', \cdots$ とおき,また

$$\frac{\lambda^2}{\Theta'-\Theta} + \frac{\lambda'^2}{\Theta''-\Theta'} + \frac{\lambda''^2}{\Theta'''-\Theta''} + \cdots = S$$

とおく．さらに ν をあらゆるもとの未知数の個数としかつ $m=\sqrt{\dfrac{S}{n-\nu-1}}$ とする．このときそれぞれ個々のクロノメーターに対する固有の前記要因は量 $\dfrac{1}{m^2}$ あるいは $\dfrac{n-\nu-1}{S}$ に比例する．m は1日の時間の平均運行についての平均変差とみなすことができる．

3) 上の方法は，著しく進みすぎる変動を示すことのないクロノメーターに対して効力がある．そうでない場合には観測の列が極端に長くない限り，1日の進みについて時間に依存する一つの変動を採りあげることで満足することができる．そこでもう一つの未知数を導入する．そしてこのとき方程式は次の形になる：

$$0 = a - a' + (\Theta' - \Theta)u + (\Theta'^2 - \Theta^2)v - x + x'$$
$$0 = a' - a'' + (\Theta'' - \Theta')u + (\Theta''^2 - \Theta'^2)v - x' + x''$$
$$0 = a'' - a''' + (\Theta''' - \Theta'')u + (\Theta'''^2 - \Theta''^2)v - x'' + x'''$$
$$\cdots\cdots$$

4) これらをさらに推し進めること，すなわちもう一つ未知数を増し $(\Theta'^3 - \Theta^3)w$ の形の項を導入することはほとんど利益がない．平均運行の変動が強くはっきりしているけれども，それがまた不規則でもあるクロノメーターを私はむしろまったく除外するであろう．なぜならばその結果は一部はほとんど正確でなく，一部は比較するものの数に入れるには精密さがあまりにも十分でないからである．したがって，当面の場合には上述のことで十分なので，ここではそのような場合の多くの面倒な理論について書きとどめないことにする．

5) 最小2乗法による方程式の解法に関して，多くの場合未知の量を(できる限り近似的な)わかる部分と，未知の(したがって非常に小さな)部分とにわけるのがよいことを注意しておくのは不必要なことではないであろう．この注意は確かに一部では以前からすでにくり返されており，他方この手法の長所はおのずから明らかである．ただこれによって数値計算が不必要に困難になり，誤差がかえって生じ易くなるのがしばしば忘れられているのを見るから，再びこの注意をするのはよいことのように思われる．

36個のクロノメーターのうち次の頁の表のように，5つをとりあげた．

私は Breguet 3056 についての計算を例として用いようと思う．Helgoland の経度を 0，Greenwich の経度を $-x$，Altona の経度を $+y$ とする．Bremen はただ一度しか観測されておらず調整が出来ないのでここでは除外することに

	月	日	時	分	No. 1 分 秒	No. 4 分 秒	Breguet 3056 分 秒	Kessels 1252 分 秒	Barraud 904 分 秒
Greenwich	6	30	3	22	− 8 17.14	+ 1 2.37			
	7	25	2	15	10 44.39	1 32.15	+30 59.75	+50 29.31	+48 29.20
	7	28	3	13	11 0.69	1 36.96	30 50.07	50 39.69	48 40.24
	8	2	1	15	11 28.48	1 44.44	30 31.78	50 52.14	48 58.87
	8	17	10	28	12 59.40	2 6.24	29 35.69	51 38.66	49 57.83
	8	25	7	27	13 47.98	2 15.84	29 10.48	52 2.45	50 27.15
	9	10	7	40	15 24.47	2 40.36			
Helgoland	7	3	3	40	−40 8.00	−30 26.84			
	7	22	12	40	42 2.02	30 3.89	− 0 20.34	+18 48.39	+16 47.39
	8	5	1	48	43 18.11	29 43.35	1 10.24	19 26.77	17 37.51
	8	11	13	9	43 35.77	29 33.43	1 32.75	19 47.22	18 1.30
	8	30	19	30	45 53.08	29 7.96	2 40.67	20 47.68	19 17.03
	9	6	3	6	46 31.56	28 58.94	3 4.55	21 6.56	19 43.80
	9	7	8	42	46 38.72	28 56.71			
Altona	8	6	5	55	−51 38.95	−37 55.76	− 9 28.50	+11 16.25	+ 9 28.48
	8	9	12	35	51 57.35	37 50.03	9 38.81	11 27.76	9 40.30
	8	31	9	57	54 10.33	37 21.30	10 56.68	12 35.96	11 5.92
	9	4	22	12	54 39.16	37 15.21	11 15.36	12 48.10	11 24.49
Bremen	8	13	0	2	−47 50.65	−33 16.49	− 5 23.37	+16 5.83	+14 21.86

する.

私はイギリスのクロノメーターの1行目(Greenwich 6月30日3時22分)と比較して時刻 θ を計算する.

進みが0の架空のクロノメーターに置換えることにより次の示度を得る:

θ	
22.4	+　60.20秒
25.0	+1949.60−x
28.0	+1950.87−x
32.9	+1950.29−x
35.9	+　59.08
37.1	−　434.98+y
40.4	−　433.49+y
42.4	+　59.88
48.3	+1949.60−x

56.2	$+1952.74-x$
61.6	$+\ \ 61.32$
62.2	$-\ 432.53+y$
66.8	$-\ 434.98+y$
68.0	$+\ \ 60.19$

上の方程式は x と y がまったく混ざらないので広範な計算にも便利である．そこで我々は x として4つの確定値を得る：

$$+1889.40 \text{秒}; \text{重み}\ \frac{1}{2.6}=0.38$$

$$+1891.21\ \ \ \ \ \ \ \ \ \ \frac{1}{3.0}=0.33$$

$$+1889.72\ \ \ \ \ \ \ \ \ \ \frac{1}{5.9}=0.17$$

$$+1891.42\ \ \ \ \ \ \ \ \ \ \frac{1}{5.4}=0.19$$

従って $x=+1890.36$秒; 重み$=1.07$ となる．同様に

$$y=+\ \ 494.12 \text{秒}; \text{重み}=3.83$$

を得る．これらの値を代入すれば架空のクロノメーターの示度は Helgoland の時刻に対して

θ		λ
22.4	$+60.20$秒	-0.96秒
25.0	59.24	$+1.27$
28.0	60.51	-0.58
32.9	59.93	-0.85
35.9	59.08	$+0.06$
37.1	59.14	$+1.49$
40.4	60.63	-0.75
42.4	59.88	-0.64
48.3	59.24	$+3.14$
56.2	62.38	-1.06
61.6	61.32	$+0.27$
62.2	61.59	-2.45
66.8	59.14	$+1.05$
68.0	60.19	

となり，したがって $S=6.02$, $m=\sqrt{\dfrac{6.02}{13-3}}$ を得る．これより平均誤差は x については 0.75 秒，y については 0.40 秒となる．

同様にすべて 5 個のクロノメーターから計算によって次の値を得る．

		平均誤差	重み
Breguet	$x=$1890.36 秒	0.75 秒	1.78
Kessels	1893.29	0.67	2.23
Barraud	1892.32	0.49	4.16
Eng. 1	1892.39	0.43	5.41
Eng. 4	1892.52	0.35	8.16
平　均	$x=$1892.35		21.74

		平均誤差	重み
Breguet	$y=$494.12 秒	0.40 秒	6.25
Kessels	493.89	0.36	7.72
Barraud	493.67	0.26	14.79
Eng. 1	493.98	0.29	11.89
Eng. 4	494.16	0.24	17.36
平　均	$y=$493.96		58.01

さらにここで表の最後の列における最終の重みを $\dfrac{1}{\text{平均誤差の平方}}$ とおくならば，したがって平均誤差が 1 秒である精密さを単位とするならば，たとえば Altona についての平均誤差は $\dfrac{1 秒}{\sqrt{58.01}}=0.13$ 秒となる．そこで最後の列の数は単に比例数とみなすこと，そして絶対的な精密さは個々のクロノメーターから x および y として求められた最終結果の値の差から推論することがむしろ当を得ている．それでも最終結果の精密さは実際よりもいくらか大きいようにみえる．なぜならば Greenwich, Helgoland および Altona における時刻決定は**絶対的な**精密さをもっておらず，そしてもしクロノメーターの個数がさらに多くなったら，そのことから生ずる誤差が最終結果につねに影響を与えるであろうことは明らかだからである．

Brenen の経度決定は次の方法で行うことができる．経度を Helgoland の東方 z とおくと，Breguet のクロノメーターを架空のクロノメーターの値と比較して

$$-165.52 \text{ 秒} + z$$

を得る．したがって

最初のものとの比較から　$z = 225.40$ 秒　　重み $\dfrac{1}{1.4} \fallingdotseq 0.7$

次のものとの比較から　　$z = 224.76$　　　　　$\dfrac{1}{4.5} \fallingdotseq 0.2$

$\qquad\qquad\qquad\qquad\qquad\overline{}\qquad\qquad\overline{}$

$\qquad\qquad\qquad\qquad\qquad\ 225.24\qquad\qquad\quad 0.9$

となる．重み 0.9 はなお $\dfrac{10}{6.02}$ とかけ合わされる．

そこで5つのクロノメーターから

		重み
Breguet	225.24 秒	1.5
Kessels	225.84	1.9
Barraud	225.39	3.6
Eng. 1	226.04	2.9
Eng. 4	224.86	4.3
	225.42	14.2

が得られる．

ただ一つ，Altona に対し 268.54 秒西にある Bremen の経度はいつも Bremen における時刻決定に依存している．そしてこの差はあまりにも小さいので実際には差がないかのようにみえる．私の三角形によれば Ansgariusthurm は Göttingen の西方時で 273.51 秒であり，また Olbers の観測値は 271.9 秒である．

Ⅷ Ramsden式天頂儀による観測からGöttingenとAltonaの天文台の間の緯度差を決定すること

序　　論

　私が1821年から1824年にかけて Göttingen の子午線に沿った王国 Hannover を通って描いた三角鎖によれば，Göttingen と Altona の天文台は正確な三角測量で互いに結びつけられている．この測定は後に詳しく報告されるであろうが，ここでは絶対量が Schumacher 教授が Holstein できわめて厳密に測定した基線に基づいていることのみを注意しておこう．三角形網はこの基線と辺 Hamburg-Hohenhorn で結びついている．天文台と北子午線標識自身が三角点であるから，方向の測定は Göttingen の子午儀による観測に基づいている．Göttingen と Altona の天文台は偶然の奇しきたわむれにより家の幅ほども違わないほどほとんど同じ子午線に沿っている．絶対緯度は固定された子午線計器を用いた観測によって決定されるけれども，緯度の差は同じ計器を用いる他の手段で決定することも重要であった．そして私はそのためにすぐれた Ramsden 式天頂儀を用いることができるのは幸運であった．それはよく知られているようにイギリスの経緯度測定に際し似通った目的のために用いられたものである．それについて1827年の春に私が行った観測とその結果はこの方法によるものである．

　多くの星を順に観測しようとするとき，この計器を用いる観測は訓練された職人の援助なしにはうまく行うことができない．そこで Schumacher 教授はデンマーク国王の許可のもとに，技術小尉 v. Nehus 氏に両方の場所における観測について援助を委託した．この熟練した観測者は絶えず測微ねじの読み取りをし，鉛錘糸の調整を行った．一方私自身は子午線糸でのスタートを観測し，子午線に垂直な糸に星を合わせた．両地点におけるはじめての観測の夜に Altona ではこの仕事は他の援助を受けた．確かにこの観測はひとりでは行えない．とくに経験上人が異なれば鉛錘糸による地点の分割を同等に評価しないからなおさらである．

この計器は Mudge によって詳しく書かれた説明書によって十分に知ることができる．Göttingen では天文台の中で東方子午線スリットの下にそれを設置することができたが Altona ではこれはできなかった．したがってそこの天文台がある Schumacher 教授の庭に，Mudge がイギリスに作ったものと同じ観測テントを張ってその下に設置した．打ち込まれた支柱の上の装置はそれ以上何も望むことのないほど堅牢であった．垂直軸の水準度は毎日検査され，通常はほとんど改良点を見出すことはなかった．同じことが水平軸にもあてはまった．

　子午線におけるリンブスの水準を得るために Göttingen では南子午線標識が用いられた．天頂儀の位置におけるその方位角は非常に厳密に設計された西方スリットの子午線上につくられていた．Altona では同じような手段は用いられなかった．すなわちリンブスは最初に絶対時間の知識を用いて，南中する星によって子午線上に非常に近く設置された．多くの星の観測はすべてリンブスの範囲で行なわ，れその上なお必要な装置の小さな修正も手軽になされた．すでに触れたように，毎夜天頂儀により，南中する星について子午線糸でのスタートも観測され，星の赤経も知られているからそれによって絶えず確かな調整が行われ，子午線上での正しい配列が保たれた．そして一度わずかな修正を必要としただけであった．たいていは一夜毎にリンブスの位置について東西の交替がなされ，ただ観測の終ったときに観測の回数が両方の位置にほとんど等しく振り分けられるように，この規則と異なる配慮がなされた．そして天頂儀は一夜のうちに何回か向きが変えられた．

　気圧計と内・外の温度計の示度は，一夜毎に少なくとも３度すなわち観測の始めと中間と終りに記録された．同様に Mudge の記録によれば，リンブスと半径は異なる割合で変化させられるから天頂儀の上と下の温度差も記録された．さらに計器の構造によって指定される取扱い方で慎重に配慮されるべきことは，たとえば，特別に注意するまでもないことだろうけれども，鉛錘を下げる水の容器を一杯にしておくこと，測微ねじについて非常に多くの種類の中で同じねじ山を合わせなければならないこと等々である．鉛錘糸を上の点（分度器の中心）に合わせることは，それぞれの観測毎にあらためて前のものとは独立になされ，最も近い（あるいは最も近い両方の）分割点に合わせることはたいてい何回もくり返された．そして多くは秒の小さな小数部分に当るものであるが，測微ねじから読みとった異なった数値については平均がとられた．

1 観測された星

私は観測のために，はじめ38個の星を適当な位置に選んだ．そして Göttingen における観測の終りになお5個の星を追加した．というのは，険悪な天気によって Altona における観測の終結がかなり遅れる可能性が生じ，そのためにはじめに選んだ星のかなりの部分が日中におこる南中に関してしばしば十分に観測されないかも知れないことを恐れたからである．けれどもこの心配はわずかな程度で終ったことが確認された．そして Altona においてまったく不十分な観測に終ったのはただ一つの星のみであった．私はここで1827年のはじめに戻ってこれらの星の平均の位置を与えよう．赤緯は天頂儀による観測が与えた結果であり，当面の目的にとって完全な厳密さをもった決定を必要としない赤経は，von Heiligenstein 氏がもっとも好んで補正を計算した子午環でのただ一度の観測に基づいている．簡単にするために星を続きの番号で表わす．No. 8, 13, 15 および 31 は二重星であり，最初の星についてはつねに後につづく星をとり，次の二つの星については平均をとった．No. 31 については伴星が非常に小さいので，天頂儀の望遠鏡で試験的に暗くした視界のもとではいつも見ることができない状態であった．ただそれは Schumacher 教授によって Reichenbach 式子午環の光学望遠鏡ですぐに気づかれた．我々は当時それを知らなかったが，他の天文学者はこの二重星がそのようなものであることをすでに知っていた．

	記 号		赤 経	1827.		赤 緯	1827.	
1	24	Canum	13時 27分	22.39秒		49°	54′	11.62″
2	83	Ursae	34	9.77		55	33	34.98
3	η	Ursae	40	42.86		50	10	46.20
4	86	Ursae	47	28.48		54	34	55.55
5		—	50	45.55		55	25	59.22
6	P.	13. 289	55	19.44		46	35	39.14
7	13	Bootis	14 1	49.03		50	16	43.44
8	χ	Bootis seq.	7	16.93		52	36	7.47
9	P.	14. 56	12	5.39		56	13	36.51
10	θ	Bootis	19	18.40		52	39	12.05
11	P.	14. 131	27	50.42		53	39	33.02
12	P.	14. 164	35	24.18		52	58	55.66

	記　号	赤　経　1827.			赤　緯　1827.		
13	39 Bootis med.	14時	43分	48.37秒	49°	26′	9.46″
14	P. 14. 235		50	38.71	50	20	22.49
15	44 Bootis med.		58	5.30	48	19	52.47
16	—	15	7	8.12	49	13	46.68
17	P. 15. 39		10	33.95	51	34	53.72
18	—		15	0.55	52	35	5.87
19	—		21	50.88	54	37	34.87
20	—		30	42.13	54	29	54.30
21	—		38	9.07	52	54	37.09
22	—		42	14.32	46	16	4.70
23	—		48	16.24	56	20	27.00
24	—		54	10.23	50	22	39.41
25	θ Draconis		58	39.70	59	1	47.14
26	—	16	4	24.06	50	38	13.12
27	P. 16. 33		7	24.92	46	20	17.04
28	P. 16 56		11	34.31	53	40	13.41
29	—		16	2.19	52	27	11.06
30	—		20	38.75	55	36	4.73
31	—		26	34.90	45	58	5.85
32	16 Draconis		32	6.42	53	15	3.64
33	—		37	53.85	50	16	13.67
34	—		42	1.51	57	5	37.79
35	—		45	2.26	46	56	48.53
36	P. 16. 253		49	21.51	46	49	22.01
37	P. 16. 291		56	11.73	56	56	42.35
38	P. 16. 310	17	0	15.10	49	2	47.09
39	P. 17. 20		4	23.12	58	29	49.33
40	P. 17. 38		8	1.46	56	52	21.74
41	74 Herculis		15	28.30	46	24	52.90
42	P. 17. 120		20	53.56	57	10	13.11
43	β Draconis		26	31.90	52	25	57.91

2　観　測

　日誌はこの論文の価値を倍加するであろうが，その最初の形のままを完全に再掲することは不必要に思えるので，私は今から並んでいる星の順に観測値を提供する．

　最初の欄は計器が読み取ったものを単に換算した天頂距離であり，北方天頂

距離を正，南方天頂距離を負とする．

　第2の欄は，上下の温度差のために計器が一様でない伸び縮みをすることの影響による屈折の和を与える．現れた最大の温度差はレ氏 +1.2°（上部温度計の方が高い）と −0.6°であった．諸観測の一致の程度の評価について良い結果を得るために，私はそれぞれ個々の観測についての総計を計算することをいとわなかった．けれどもこの際容易に示される計算簡便法がいくらかは用いられている．

　第3の欄は，いくらかの星について固有運動を示す光行差，章動および歳差に関して年のはじめにおける平均の位置への補正を与える．すなわち毎年の赤緯の固有運動は

$$10 について は \quad \cdots -0.42''$$
$$25 について は \quad \cdots +0.33$$
$$37 について は \quad \cdots +0.38$$

が採用される．はじめの二つの量についての固有運動はずっと前から確かめられている．37については Piazzi の決定との比較によって，後者の正確さを仮定すれば，正確さを疑われることのないことは明らかである．[*] 光行差，章動および歳差の計算は，Baily の貴重な表にその基礎をおいている．それによってそれぞれの星について，v. Nehus 氏と Petersen 氏の援助のもとに10日から10日までの天体位置推算暦が計算され，この中に第2の差を考慮して補挿された．

　最後に第4の欄ははじめの三つの和である．すなわち，それぞれ個々の観測から得られるように，1827年のはじめにおける平均の位置として，視準誤差のみをもった真の天頂距離である．

---

[*] Piazzi が8個の観測に基づいて決定したことの正確さは，6個の観測に基づく1803年の記録簿の旧版の記載との近似的な一致によって確認を得ることができる．しかし固有運動の正確な量は，観測の平均に相当する年が未知であるので，なおいくらか未知のままのものもある．一つの星について，この重要な7個の量の固有運動を求めることは注目すべきことである．No. 11 についてもこの点に関して天文学者から注目されるのは当然のように思える．

1. (24 Canum Venaticorum)

Göttingen. リンブス 東

4月	5日	−1° 37′ 52.62″	−1.66″	+13.34″	−1° 37′ 40.94″
	17	47.75	−1.62	+10.12	39.25
	28	46.01	−1.61	+ 7.15	40.47
	29	44.57	−1.61	+ 6.88	39.30
	4回の観測の平均				−1 37 39.99

Göttingen. リンブス 西

4月	11日	−1° 37′ 43.60″	−1.59″	+11.75″	−1° 37′ 33.44″
	20	40.36	−1.62	+ 9.31	32.67
	27	37.29	−1.67	+ 7.41	31.55
	30	36.84	−1.55	+ 6.62	31.77
5月	14	34.23	−1.60	+ 3.02	32.81
	5回の観測の平均				−1 37 32.45

Altona. リンブス 東

6月	4日	−3° 38′ 29.77″	−3.68″	− 1.53″	−3° 38′ 34.98″
	10	26.44	−3.58	− 2.57	32.59
	11	28.52	−3.56	− 2.73	34.81
	13	29.85	−3.53	− 3.03	36.41
	15	26.74	−3.44	− 3.33	33.51
	5回の観測の平均				−3 38 34.46

Altona. リンブス 西

6月	3日	−3° 38′ 25.37″	−3.69″	− 1.35″	−3° 38′ 30.41″
	6	25.44	−3.59	− 1.89	30.92
	9	25.32	−3.60	− 2.41	31.33
	12	26.07	−3.54	− 2.89	32.50
	4回の観測の平均				−3 38 31.29

2. (83 Ursae maioris)

Göttingen. リンブス 東

4月	5日	+4° 1′ 26.05″	+4.10″	+12.99″	+4° 1′ 43.14″
	7	27.08	+4.02	+12.42	43.52
	9	28.85	+3.99	+11.86	44.70
	17	30.25	+4.00	+ 9.58	43.83
	28	33.16	+3.98	+ 6.43	43.57
	29	34.26	+3.97	+ 6.14	44.37
	6回の観測の平均				+4 1 43.86

Göttingen. リンブス 西

4月	6日	+4° 1′ 34.39″	+4.07″	+12.71″	+4° 1′ 51.17″
	8	33.81	+3.97	+12.14	49.92

4月	11日	+4°	1′	35.49″	+3.93″	+11.30″	+4°	1′	50.72″
	20			36.86	+4.00	+ 8.73			49.59
	27			39.97	+4.12	+ 6.71			50.80
	30			40.94	+3.80	+ 5.86			50.60
5月	14			46.33	+3.96	+ 2.06			52.35
		7回の観測の平均					+4	1	50.74

Altona.　リンブス　東

6月	4日	+2°	0′	49.03″	+2.04″	− 2.72″	+2°	0′	48.35″
	7			51.21	+2.01	− 3.28			49.94
	10			49.21	+1.98	− 3.80			47.39
	11			50.31	+1.97	− 3.97			48.31
	13			52.49	+1.95	− 4.29			50.15
	15			52.79	+1.90	− 4.59			50.10
		6回の観測の平均					+2	0	49.04

Altona.　リンブス　西

6月	3日	+2°	0′	51.64″	+2.05″	− 2.52″	+2°	0′	51.17″
	6			51.71	+1.99	− 3.10			50.60
	9			53.71	+2.00	− 3.63			52.08
	12			53.96	+1.96	− 4.13			51.79
		4回の観測の平均					+2	0	51.41

3.　(η Ursaemaioris)*)

Göttingen.　リンブス　東

4月	5日	−1°	21′	18.73″	−1.38″	+13.58″	−1°	21′	6.53″
	7			16.66	−1.35	+13.05			4.96
	9			16.23	−1.34	+12.52			5.05
	17			12.25	−1.35	+10.35			3.25
	28			11.32	−1.34	+ 7.33			5.33
	29			10.62	−1.34	+ 7.05			4.91
		6回の観測の平均					−1	21	5.00

Göttingen.　リンブス　西

4月	6日	−1°	21′	11.05″	−1.37″	+13.32″	−1°	20′	59.10″
	8			9.52	−1 34	+12.78			58.08
	11			7.31	−1.32	+11.99			56.64

---

*)　(訳注) 残り40個の星の観測結果は, Gauss 自身によってこれらと同様な形で与えられている. (Gauss 全集第9巻13頁以下参照.) しかし個々の結果は当面の目的にとっては特殊であり, 問題の推論にそれらを用いることはほとんどない. そこで我々は紙面の節約のために, Göttingen と Altona におけるリンブスのそれぞれの位置に対する天頂距離の平均値と, 個々の観測の回数のみを次頁以後の表に載せることにする.

4月 20日	−1° 21′ 7.01″	−1.35″	+ 9.53″	−1° 20′ 58.83″	
27	3.44	−1.39	+ 7.60	57.23	
30	2.98	−1.29	+ 6.78	57.49	
5月 14	−1 20 57.75	−1.33	+ 3.08	56.00	
7回の観測の平均				−1 20 57.62	

Altona. リンブス 東

6月 4日	−3° 21′ 55.72″	−3.40″	− 1.71″	−3° 21′ 60.83″
7	54.87	−3.37	− 2.32	60.56
10	53.29	−3.32	− 2.83	59.44
11	54.89	−3.30	− 3.00	61.19
13	52.91	−3.26	− 3.34	59.51
15	53.54	−3.18	− 3.66	60.38
6回の観測の平均				−3 22 0.32

Altona. リンブス 西

6月 6日	−3° 21′ 52.11″	−3.32″	− 2.10″	−3° 21′ 57.53″
9	51.86	−3.34	− 2.65	57.85
12	49.73	−3.29	− 3.17	56.19
14	50.27	−3.33	− 3.51	57.11
22	47.73	−3.26	− 4.66	55.65
27	49.23	−3.24	− 5.29	57.76
6回の観測の平均				−3 21 57.02

No.	星	リンブスの位置	Göttingen における天頂距離	観測の回数	Altona における天頂距離	観測の回数
4.	86 Ursae majoris	東	+3° 3′ 3.52″	6	+1° 2′ 10.52″	6
		西	+3 3 11.04	6	+1 2 12.34	3
5.	—	東	+3 54 7.57	6	—	—
		西	+3 54 15.03	6	+1 53 16.15	2
6.	Piazzi 13. 289	東	−4 56 11.92	6	−6 57 8.63	2
		西	−4 56 4.99	6	−6 57 3.92	4
7.	13 Bootis	東	−1 15 8.76	6	−3 16 2.46	6
		西	−1 15 0.56	6	−3 15 59.08	5
8.	χ Bootis sequ.	東	+1 4 15.23	7	−0 56 37.59	6
		西	+1 4 23.43	7	−0 56 35.80	6
9.	Piazzi 14. 56	東	+4 41 44.77	7	+2 40 50.46	4
		西	+4 41 52.26	6	+2 40 54.44	2
10.	θ Bootis	東	+1 7 19.66	7	−0 53 33.07	6
		西	+1 7 27.64	7	−0 53 30.55	6
11.	Piazzi 14. 131	東	+2 7 41.46	6	+0 6 47.92	5
		西	+2 7 47.83	7	+0 6 50.69	4
12.	Piazzi 14. 164	東	+1 27 4.50	6	−0 33 49.36	5
		西	+1 27 10.63	7	−0 33 47.62	4
13.	39 Bootis med.	東	−2 5 41.35	6	−4 6 37.71	5
		西	−2 5 34.40	6	−4 6 33.62	5

158　Ⅷ　Ramsden 式天頂儀による観測から Göttingen と Altona の天文台の間の緯度差を決定すること

No.	星	リンブスの位置	Göttingen における天頂距離	観測の回数	Altona における天頂距離	観測の回数
14.	Piazzi 14. 235	東	−1°11′ 28.79″	7	−3°12′ 23.62″	6
		西	−1 11 21.46	6	−3 12 21.03	5
15.	44 Bootis med.	東	−3 11 59.25	6	−5 12 53.39	6
		西	−3 11 51.50	6	−5 12 50.68	5
16.	—	東	−2 18 5.07	5	−4 18 59.19	5
		西	−2 17 58.08	5	−4 18 55.64	5
17.	Piazzi 15. 39	東	+0 3 1.98	7	−1 57 51.14	6
		西	+0 3 9.04	7	−1 57 49.67	5
18.	—	東	+1 3 13.06	6	−0 57 38.86	6
		西	+1 3 21.22	7	−0 57 37.51	5
19.	—	東	+3 5 43.51	5	+1 4 49.15	6
		西	+3 5 50.35	7	+1 4 51.91	5
20.	—	東	+2 58 2.56	5	+0 57 9.14	6
		西	+2 58 9.88	6	+0 57 10.82	5
21.	—	東	+1 22 45.19	4	−0 38 8.10	6
		西	+1 22 52.08	6	−0 38 5.58	6
22.	—	東	−5 15 46.21	4	−7 16 42.67	6
		西	−5 15 40.01	6	−7 16 36.74	6
23.	—	東	+4 48 34.52	5	+2 47 41.15	6
		西	+4 48 43.51	6	+2 47 43.99	6
24.	—	東	−1 9 12.44	5	−3 10 6.25	6
		西	−1 9 4.57	6	−3 10 3.83	6
25.	θ Draconis	東	+7 29 55.43	6	+5 29 1.78	6
		西	+7 30 3.20	6	+5 29 3.43	6
26.	—	東	−0 53 37.66	6	−2 54 32.76	6
		西	−0 53 30.58	6	−2 54 31.24	6
27.	Piazzi 16. 33	東	−5 11 34.78	2	−7 12 29.49	5
		西	−5 11 25.90	2	−7 12 25.54	3
28.	Piazzi 16. 56	東	+2 8 22.19	5	+0 7 28.11	6
		西	+2 8 28.72	6	+0 7 30.01	6
29.	—	東	+0 55 18.58	3	−1 5 34.18	6
		西	+0 55 26.37	3	−1 5 31.88	6
30.	—	東	+4 4 12.22	6	+2 3 18.70	6
		西	+4 4 21.31	5	+2 3 22.11	6
31.	—	東	−5 33 46.24	6	−7 34 40.56	6
		西	−5 33 37.20	5	−7 34 37.10	6
32.	16 Draconis	東	+1 43 12.10	6	−0 17 41.55	6
		西	+1 43 18.61	6	−0 17 39.29	6
33.	—	東	−1 15 37.82	5	−3 16 31.74	6
		西	−1 15 30.84	6	−3 16 29.53	6
34.	—	東	+5 33 45.63	6	+3 32 51.35	6
		西	+5 33 54.80	6	+3 32 54.68	6
35.	—	東	−4 35 3.23	5	−6 35 57.04	5
		西	−4 34 56.00	5	−6 35 54.30	5
36.	Piazzi 16. 253	東	−4 42 29.81	6	−6 43 24.28	5
		西	−4 42 21.13	6	−6 43 21.61	5
37.	Piazzi 16. 291	東	+5 24 50.78	6	+3 23 55.60	5
		西	+5 24 58.73	6	+3 23 59.42	6

No.	星	リンブスの位置	Göttingenにおける天頂距離	観測の回数	Altonaにおける天頂距離	観測の回数
38.	Piazzi 16. 310	東 西	−2°29′ 4.29″ −2 28 57.26	6 6	−4°29′ 58.97″ −4 29 55.84	5 5
39.	Piazzi 17. 20	東 西	+6 57 58.55 +6 58 6.88	1 3	+4 57 2.69 +4 57 5.60	4 4
40.	Piazzi 17. 38	東 西	+5 20 28.25 +5 20 38.33	2 3	+3 19 36.52 +3 19 38.56	3 3
41.	74 Herculis	東 西	−5 6 58.39 −5 6 51.47	2 3	−7 7 53.30 −7 7 49.79	5 5
42.	Piazzi 17. 120	東 西	+5 38 21.52 +5 38 29.20	2 2	+3 37 26.27 +3 37 31.18	5 4
43.	β Draconis	東 西	+0 54 5.81 +0 54 14.61	2 2	−1 6 47.62 −1 6 45.60	5 5

3 緯度差に関する結果

1

それぞれの星を眺めることによって，観測のもっとも自然な組合せから観測地点の緯度の差に関する一つの結果が得られる．もし観測された天頂距離がリンブスの東および西の位置において，それぞれ Göttingen では a と a', Altona では b と b' であるとすれば，緯度の差は $\frac{1}{2}(a+a')-\frac{1}{2}(b+b')$ となる．したがって，完全に観測された星と同じだけの数の緯度差が得られる．No. 5 の星だけは Altona において片側だけしか観測されていないので除くことにして，その数は 42 である．

a, a', b, b' を決定するもとになった観測が仮にすべての星に対して同程度に多く行なわれれば，緯度の差に関するあらゆる個々の結果は同程度に信頼できるはずである．したがってその場合は単純な相加平均がもっとも確からしい最終結果となるであろう．しかし我々の観測についてはこの仮定は通用しないので，それぞれの結果に観測の個数に比例した同等でない重みを添えなければならない．

もしあらゆる個々の観測の誤差を互いに独立であるとみなすならば，一回の観測の重みを単位とし，a, a', b, b' の決定に用いられた観測の回数を $\alpha, \alpha', \beta, \beta'$ で表わすとき，よく知られたことより緯度差 $\frac{1}{2}a+\frac{1}{2}a'-\frac{1}{2}b-\frac{1}{2}b'$ の重みは

$$\frac{4}{\frac{1}{\alpha}+\frac{1}{\alpha'}+\frac{1}{\beta}+\frac{1}{\beta'}}$$

によって表わされる．これより我々の42個の緯度差とその重みは次のようになる．

星	緯 度 差	重み	星	緯 度 差	重み
1	2° 0′ 56.65″	4.44	23	2° 0′ 56.45″	5.71
2	57.07	5.51	24	56.53	5.71
3	57.36	6.22	25	56.71	6.00
4	55.85	4.80	26	57.88	6.00
6	57.81	3.69	27	57.17	2.61
7	56.11	5.71	28	56.39	5.71
8	56.03	6.46	29	55.51	4.00
9	56.07	3.78	30	56.37	5.71
10	55.46	6.46	31	57.11	5.71
11	55.35	5.27	32	55.78	6.00
12	56.05	5.27	33	56.31	5.45
13	57.78	5.45	34	57.19	6.00
14	57.19	5.92	35	56.06	5.00
15	56.65	5.71	36	57.48	5.45
16	55.85	5.00	37	57.24	5.71
17	55.92	6.13	38	56.62	5.45
18	55.78	5.92	39	58.51	2.18
19	56.40	5.64	40	55.75	2.67
20	56.24	5.45	41	56.61	3.24
21	55.48	5.33	42	56.64	2.76
22	56.59	5.33	43	56.82	2.86

これら42個の確定値の平均は，重みの非一様性を考慮して

$$2° \ 0′ \ 56.52″$$

となり，この結果の重みは213.41である．

2

ある量の n 個の異なる確定値が $A, A', A'', \cdots$ であり，それらの重みが $p, p', p'', \cdots$ であるとする．また A^* を重みを考慮してとられた平均値とし，和

$$p(A-A^*)^2+p'(A'-A^*)^2+p''(A''-A^*)^2+\cdots$$

を M で表わすものとする．このとき「観測の組合せ理論」38節における一般的理論の結論より

$$\sqrt{\frac{M}{n-1}}$$

は重みがどれも1である観測の平均誤差の近似値を与える．この方式を我々の場合に適用すると $M=103.4126$ となり，これより観測の平均誤差は

$$\sqrt{\frac{103.41}{41}} = 1.5882''$$

となる．緯度差に関する我々の結果についての平均誤差は，観測の平均誤差をその結果の重みの平方根で割ることによって得られる．したがってそれは上の値から $0.1087''$ となる．

3

計器の視準誤差はそれぞれの星の観測から得られ，Göttingen では $\frac{1}{2}(a'-a)$ でその重みは $\frac{4\alpha\alpha'}{\alpha+\alpha'}$ であり，Altona では $\frac{1}{2}(b'-b)$ でその重みは $\frac{4\beta\beta'}{\beta+\beta'}$ である．次の表はこれらの値を示す．

星	Göttingen 視準誤差	重み	Altona 視準誤差	重み	星	Göttingen 視準誤差	重み	Altona 視準誤差	重み
1	3.77″	8.89	1.58″	8.89	23	4.49″	10.91	1.42″	12.00
2	3.44	12.92	1.19	9.60	24	3.93	10.91	1.21	12.00
3	3.69	12.92	1.65	12.00	25	3.88	12.00	0.83	12.00
4	3.76	12.00	0.91	8.00	26	3.54	12.00	0.76	12.00
5	3.73	12.00	—	—	27	4.44	4.00	1.97	7.50
6	3.46	12.00	2.35	5.33	28	3.27	10.91	0.95	12.00
7	4.10	12.00	1.69	10.91	29	3.89	6.00	1.15	12.00
8	4.10	14.00	0.90	12.00	30	4.54	10.91	1.70	12.00
9	3.75	12.92	1.99	4.00	31	4.52	10.91	1.73	12.00
10	3.99	14.00	1.26	12.00	32	3.26	12.00	1.13	12.00
11	3.19	12.92	1.39	8.89	33	3.49	10.91	1.11	10.91
12	3.06	12.92	0.87	8.89	34	4.58	12.00	1.66	12.00
13	3.48	12.00	2.04	10.00	35	3.61	10.00	1.37	10.00
14	3.67	12.92	1.30	10.91	36	4.33	12.00	1.34	10.00
15	3.87	12.00	1.36	10.91	37	3.97	12.00	1.91	10.91
16	3.50	10.00	1.77	10.00	38	3.52	12.00	1.56	10.00
17	3.53	14.00	0.74	10.91	39	4.16	3.00	1.45	8.00
18	3.63	12.92	0.68	10.91	40	5.04	4.80	1.02	6.00
19	3.42	11.67	1.38	10.91	41	3.46	4.80	1.75	10.00
20	3.66	10.91	0.84	10.91	42	3.84	4.00	2.45	8.89
21	3.45	9.60	1.26	12.00	43	4.40	4.00	1.01	10.00
22	3.10	9.60	2.96	12.00					

平均値は次のようである：

　　　Göttingen における視準誤差…3.75″　重み 455.17
　　　Altona　　における視準誤差…1.40　重み 432.18.

視準誤差の変動が実際に存在することは明らかであり，その変動は，たとえできる限り注意深く行われたとしても輸送のために生じることには何の疑いもない．

4

緯度差に関して求められた結果については全く安心できるものではある．けれども，それぞれの星が天頂儀のどちら側の位置においても，同じ程度の回数だけ観測される場合を除いて，1節で適用した観測の組合せはもっとも有利な方法とは限らない．そこでこのことを少くとも理論的な観点から注意することは不必要なことではないだろう．実際 Göttingen における真の天頂距離の確定値は $\frac{1}{2}(a+a')$ の形であり，その重みは $\frac{4\alpha\alpha'}{\alpha+\alpha'}$ であった．いま仮に Göttingen における視準誤差が正確に知られているものとし，それを f とすれば，そこにおける真の天頂距離の確定値は

$$\frac{\alpha(a+f)+\alpha'(a'-f)}{\alpha+\alpha'}$$

の形をもち，その重みは $\alpha+\alpha'=\frac{4\alpha\alpha'}{\alpha+\alpha'}+\frac{(\alpha-\alpha')^2}{\alpha+\alpha'}$ となるはずである．すなわち α と α' が等しくなければ前述の方法による場合よりも大きくなる．Altona における真の天頂距離についても同様であり，この方法によれば片側観測（No. 5 のような）でさえたとえわずかでも精密さの増大がみられる．いま両方の場所における視準誤差は**絶対的な厳密さ**をもたないことは認めるけれども，それらに対して求められた平均値の重みはごくわずかしか減らないことは容易に確認される．

5

けれども純粋で，厳密な理論の要請を満たす結果を得ようとするならば，個個の星の緯度差，視準誤差および真の天頂距離の決定を一つの場合ごとに問題として取扱わなければならない．この際，それらによって決定するあらゆる観測量（我々の場合は171個）から，未知の量(46個)が同じ数の方程式より確率論の規則に従って導かれなければならない．Göttingen と Altona における視準

誤差をそれぞれ f および g, 緯度差を h, Göttingen における一つの星の真の天頂距離を k とおけば, これらの星の観測から重みが $\alpha, \alpha', \beta, \beta'$ である4個の方程式

$$a=k-f$$
$$a'=k+f$$
$$b=k-g-h$$
$$b'=k+g-h$$

が得られる.

注意を促すまでもなく, それら未知の量の代りに非常に近い確定値を得るのに必要な調整値を代入することは, 計算の簡易化のために有利なことである. これらの近似値を文字 f^0, g^0, h^0, k^0 で表わすならば

$$k^0 = \frac{\alpha(a+f^0)+\alpha'(a'-f^0)+\beta(b+g^0+h^0)+\beta'(b'-g^0+h^0)}{\alpha+\alpha'+\beta+\beta'}$$

と仮定することができる.

この方式(最小2乗法を何かある合成された場合に適用する際には一度も顧慮されなかった)に従い, かつ適当な**間接**の解法を用いれば, その方法でなく, 直接の消去法を用いるときにはがまんできないほどぼう大になる作業が, 簡単なゲームに変ってしまう.

6

この計算について詳しく述べる必要はないであろうが, 結果において前の確定値に対する目立った訂正は全く含まれていない. 緯度差の修正値は $-0.014''$, Göttingen における視準誤差の修正値は $+0.012''$, Altona における視準誤差の修正値は $-0.014''$ となり, したがって新しい確定値は次のようになる:

  緯度差 ・・・・・・・・・・・・・・・・・・・・・・$2°\ 0'\ 56.51''$ 重み=217.67
  Göttingen における視準誤差・・・・・・・・・・・・・・3.76 重み=457.03
  Altona における視準誤差 ・・・・・・・・・・・・・・1.39 重み=437.64.

以前に述べた方法の基礎になっていた Göttingen における個々の星の真の天頂距離の変化は, 一様にほとんど $0.01''$ 以下である. 得られた値をここに示すことは不必要であろう. というのはそれは上で報告された星の赤緯が, 観測場所の緯度 $51°31'47.92''$ の仮定のもとでその値から導かれることと同じだからである. その代り我々は求められた値を171個の方程式に代入したときに生

164　Ⅷ　Ramsden 式天頂儀による観測から Göttingen と Altona の天文台の間の緯度差を決定すること

じた差をここに示す．

星	差	星	差	星	差	星	差	星	差
1	+0.07″	10	−0.71″	19	+0.32″	28	+0.46″	37	+0.11″
	+0.09		−0.25		−0.36		−0.53		+0.54
	−0.26		+0.70		+0.10		+0.52		−0.93
	+0.13		+0.44		+0.08		−0.36		−0.11
2	+0.56	11	+0.12	20	−0.06	29	−0.80	38	+0.30
	−0.08		−1.03		−0.26		−0.53		−0.19
	−0.12		+0.72		+0.66		+0.58		−0.24
	−0.53		+0.71		−0.44		+0.10		+0.11
3	+0.48	12	+0.52	21	−0.22	30	−0.83	39	+0.90
	+0.34		−0.87		−0.85		+0.74		+1.71
	−0.70		+0.80		+0.63		−0.21		−0.82
	−0.18		−0.24		+0.37		+0.42		−0.69
4	−0.35	13	+0.87	22	+0.77	31	−0.41	40	−1.81
	−0.35		+0.30		−0.55		+1.11		+0.75
	+0.79		−1.35		−1.55		−0.59		+0.60
	−0.17		−0.04		+1.60		+0.09		−0.14
5	+0.03	14	+0.40	23	−0.80	32	+0.14	41	+0.39
	−0.03		+0.21		+0.67		−0.87		−0.21
	―		−0.29		−0.03		+0.63		−0.38
	−0.03		−0.48		+0.03		+0.11		+0.35
6	+0.62	15	−0.04	24	−0.17	33	+0.19	42	+0.09
	+0.03		+0.19		+0.18		−0.35		+0.25
	−1.95		−0.04		+0.16		+0.41		−1.02
	−0.02		−0.11		−0.20		−0.16		+1.11
7	−0.52	16	−0.07	25	−0.03	34	−0.48	43	−0.42
	+0.16		−0.60		+0.22		+1.17		+0.86
	−0.08		−0.05		+0.46		−0.62		+0.29
	+0.52		+0.72		−0.67		−0.07		−0.47
8	−0.56	17	−0.06	26	+0.90	35	−0.08		
	+0.12		−0.52		+0.46		−0.37		
	+0.76		+0.96		−0.06		+0.25		
	−0.23		−0.35		−1.32		+0.21		
9	−0.06	18	−0.32	27	−0.14	36	−0.14		
	−0.09		−0.49		+1.22		+1.02		
	−0.23		+1.09		−0.71		−0.47		
	+0.97		−0.34		+0.46		−0.58		

7

　これら171個の差の平方に，対応する観測の回数を掛けて加えれば292.8249となる．先に引用した定理（「観測の組合せ理論」38節）によれば，単一の観測の平均誤差の近似値として次に述べる分数の平方根を考えなければならない．すなわちその分数は分子が前記の和であり，分母はそこから最小2乗法によって導かれる未知数の個数から，比較される観測データの個数を引いた数で，我々の場合は $171-46=125$ である．これよりその平均誤差は$1.5308''$ で，これは2節で見出されたものとほとんど違わない．したがって緯度差に関する最終結果についての平均誤差は

$$\frac{1.5308''}{\sqrt{217.67}}=0.1038''$$

であることがわかる．

8

　これまでの計算においては，異なる観測に付随するすべての誤差は互いに独立であるとみなすか，あるいはまったく偶然なものとみなすことができることを仮定してきた．しかし明らかにこの仮定は完全には正しくない．なぜならば，一つの a を決定するのに用いられた α 個の観測のすべては，計器の性質により同一の分割点に関連しており，したがって本質的に純粋な偶然の観測誤差の他に，これらの点の分割の誤差を伴うからである．同じことが a', b および b' についてもあてはまる．ところで分割誤差はそれ自身に関する限り171個の観測結果に関して純粋に偶然的でありかつ互いに独立であるとみなすことができる未知量である．なぜならば，それら分割誤差が同一の分割点に関連するような場合は小数であるために，これらを無視することができるからである．この事実を考慮するならば，実用的には結果はまったく変わらないけれども，上の計算の修正が必要になる．

　分割誤差を除いた偶然の原因のみから生じる本質的な平均観測誤差を m で表わし，平均分割誤差を μ で表わすならば，全平均観測誤差は $\sqrt{m^2+\mu^2}$ とおかれるべきであり，同一の分割点に関連する α 個の観測の平均値の平均誤差は

$$\sqrt{\frac{m^2}{\alpha}+\mu^2},$$

あるいは $\mu^2=m^2\theta$ とおけば

$$m\sqrt{\frac{1}{\alpha}+\Theta}$$

となる.

したがって**分割誤差のない場合**の観測の重みを単位にとるならば, a の重みは

$$\frac{\alpha}{1+\alpha\Theta}$$

となる. また同様に a', b, b' の重みはそれぞれ

$$\frac{\alpha'}{1+\alpha'\Theta}, \quad \frac{\beta}{1+\beta\Theta}, \quad \frac{\beta'}{1+\beta'\Theta}$$

となる.

したがって最初の組合せ方法については, 前の式を

$$\frac{4}{\frac{1}{\alpha}+\frac{1}{\alpha'}+\frac{1}{\beta}+\frac{1}{\beta'}}=p$$

とおくならば, 一つの量の観測からの緯度差に関する結果の重みは

$$\frac{p}{1+p\Theta}$$

とおくことになり, この重みの基準で 42 個の観測から平均がとられるべであろう. これに対して第 2 の組合せ方法については, ただ 171 個の方程式のそれぞれに式 $\frac{\alpha}{1+\alpha\Theta},\cdots$ によって決定される重みを添えなければならない.

明らかに最終結果自身およびそれについての平均誤差の変動は, 新しい重みが前の重みに比例しないという理由だけから生じる. 前の方法では, ただおびただしい数の観測列の結果だけがあまりにも重んぜられすぎた. 分割誤差を考慮することによって, それらの誤差が多く仮定されればされるほど, それらの重みはより一層平等なものに近づいてくる. したがってもし仮に分割誤差が本質的な誤差をはるかに上まわるような計器で観測が行われるとすれば, すべての確定値は同程度に信頼できるものとみなすことを認めることができるであろう.

9

したがって今示された方法は, 係数 Θ が既知でありさえすれば困難なことは何もない. 問題の Θ の近似的な知識は間接的な方法で得ることができる.

我々はまず第 1 に, いくつかの観測から, 非常に高い信頼性のある固有な平

均観測誤差 m を決定する方法が得られることに気づく．実際その観測誤差は，平均が a（あるいは a', b, b'）である**個々の値**のお互い同士あるいはそれらの平均との差をとれば，分割誤差と独立であることを認めることができる．そしてもし仮に α が非常に大きい数であるとすれば，a についての個々の値と平均との差を平方して加えたものは $(\alpha-1)m^2$ の近似的確定値とみなされるであろう．このような個々の確定値は，α が決して 7 より大きくない我々の場合にはたしかに正しい値からかなり離れている．けれどもすべての 171 個の部分和（すべての a, a', b, b' およびすべての星に対して）の和は，確率論の基本定理より
$$\{\sum(\alpha-1)+\sum(\alpha'-1)+\sum(\beta-1)+\sum(\beta'-1)\}m^2$$
すなわち我々の場合には $728\ m^2$ とほとんど違わないはずである．我々はそのような 171 個の部分和の和として
$$844.50$$
を得る．これより m として非常に信頼できる値
$$1.0770''$$
が得られる．これは 2 節と 7 節において見出されたものよりもかなり小さいものである．したがって以前に得られた数が一つも純粋な結果を与えることができない原因となっていたと思われる分割誤差の影響が，十分にあることが確かめられる．

10

平均分割誤差を直接知る方法がないので，Θ を間接的な方法で次のように決定する．すなわち第 1 の方法を用いるときは 2 節の方式に従い，第 2 の方法を用いるときは 7 節の方式に従って単位の重みをもつ観測の平均誤差を求め，それが再び m の値に等しいとする．

けれどもこのような試行が完全な理想的決定に達するまでずっとくり返すことで十分成果が上るとは思えない．むしろ他の考察で上の値が Θ からわずかに 0.2 しか違わないことを知っている のでこの値を単に最初の組合せ方法の基礎にすることで十分であるようにみえる．そこで次の値を得る：

緯度差 …………………………………… $2°0'56.50''$
確定の重み ……………………………… 104.29
単位の重みをもつ観測の平均誤差 ……… $1.131''$．

したがって上の最終結果についての平均誤差は

0.1108″

である.

　θ の同じ値について第2の組合せ方法を適用したとすれば，緯度差に関する最終結果がもしかすると 0.01″ ほど少なくなったり，この確定の重みが確かにわずかは大きくなる程度のより近似的な確定が，上の m の値についてなされるであろう．しかしこの計算は新たに苦労して実行するほどの価値があるとは云えない．したがって求められている緯度差 2°0′56.50″ を重んじることができ，その誤差は限界 ±0.07″ の間に含まれるのが確からしいとみなされる．

11

　我々が θ の上述の値を用いるとき，平均の分割誤差は $m\sqrt{\theta}=0.48''$ となり，したがって個々の点のいわゆる確からしい分割誤差は 0.32″ とおくことができる．しかし明らかにこれは単に不規則な分割誤差のみに関連するか，あるいは個々の点とできる限り正確に一致する架空の一定の分割から個々の点がどれだけ離れているかに関連するのみである．この際この分割の**絶対的**正確さは本質的にまったく問題にならない．あるいは言葉を変えて云えば，緯度差に対して求められた結果は，それらに添えられる精密さに，さらに厳密に云えばただ平均の天頂儀目盛に関連しているのみである．そしてこれは同じ絶対的正確さに従っている．天文学者にとっては計器を計るどのような手段もない．けれども音楽家は弓の端を極端な慎重さで下におくこと，そしてここにおける話題が弓全体の中の小さな部分だけであることを考慮するならば，求められた緯度差の不確かさはもとの値からきわめてわずかしか増加しないことを認めなければならないだろう．分割の絶対的正確さについての検査はさらに私が Reichenbach 式子午環で観測した同じ 43 個の星の天頂距離をもとになされた．それら天頂距離と天頂儀で観測されたものとの差は，赤緯に従って配列する際に何の規則性も現われない．

12

　Göttingen における天頂儀の中心点の位置は Reichenbach 式子午環の軸の中心から 2.066 m 北，14.803 m 東であった．これに対し Altona では天頂儀の中心点がそこにある子午環の中心点から 26.333 m 南，5.025 m 西であった．したがって天頂儀同士の位置の緯度差を，子午環同士の位置の緯度差に直すと，

Göttingen において 0.07″, Altona では 0.85″ だけ変化する．したがって，Göttingen と Altona の天文台の緯度差は，Reichenbach 式子午環の位置では
$$2°0′57.42″$$
である．

13

上述の天頂距離から導かれた星の赤緯が基礎になっている絶対緯度は，北極星の 89 個の観測に基づいている．これらの観測は両方の子午線通過の際に Reichenbach 式子午環で直接あるいは水面に反射させて行われる．最大の部分を解決する 1824 年の観測はこれまで報告されていなかったので，私はここにすべての観測をまとめて示しておく．そして多くは，2 番目，4 番目（真中）および 6 番目の糸におけるスタートに際しては直接の調節がなされ，これに対し 1 番目，3 番目，5 番目および 7 番目の糸におけるスタートに際しては反射像の調節がなされていることだけを述べておく．子午線通過時刻に修正されたこれら天頂距離について，ここでは単に Bessel の表に従って屈折を取り除く手段のみが示されている．したがって視準誤差と望遠鏡の彎曲の影響はなお含まれている．

北極星の天頂距離

1820 年			子午環の東の位置で			
5 月 13 日	下方南中	直接	319°	50′	20.73″	3 回観測
		反射	220	5	3.94	4 回観測
5 月 13 日	上方南中	直接	323	8	41.51	1 回観測
		反射	216	46	44.31	1 回観測
1824 年			子午環の東の位置で			
4 月 20 日	上方南中	直接	323	7	52.62	1 回観測
		反射	216	48	54.93	2 回観測
4 月 21 日	下方南中	直接	319	52	30.27	3 回観測
		反射	220	4	19.32	4 回観測
4 月 21 日	上方南中	直接	323	7	54.16	3 回観測
		反射	216	48	54.21	4 回観測
4 月 25 日	下方南中	直接	319	52	30.03	3 回観測
		反射	220	4	21.10	4 回観測

170　Ⅷ　Ramsden 式天頂儀による観測から Göttingen と Altona の天文台の間の緯度差を決定すること

4月27日	上方南中	直接	323°	7′	55.70′	3回観測
		反射	216	48	52.93	4回観測
4月28日	上方南中	直接	323	7	55.40	3回観測
		反射	216	48	52.22	4回観測
4月29日	下方南中	直接	319	52	29.17	3回観測
		反射	220	4	21.34	4回観測
5月1日	下方南中	直接	319	52	28.59	3回観測
		反射	220	4	22.62	4回観測
5月1日	上方南中	直接	323	7	57.22	3回観測
		反射	216	48	51.66	4回観測

　　　1824年　　　　　　　　子午環の西の位置で

5月2日	下方南中	直接	40	4	20.00	3回観測
		反射	139	52	27.15	4回観測
5月8日	上方南中	直接	36	48	49.32	3回観測
		反射	143	7	57.63	4回観測
5月9日	下方南中	直接	40	4	22.93	3回観測
		反射	139	52	25.68	4回観測

北極星の赤緯の変化は Bessel の表から次のようになる：

　　1820年5月13日の下方南中を基準に計算すると
　　　　　5月13日　上方南中　　　$-0.10''$
　　1824年4月20日の上方南中を基準に計算すると
　　　　　4月21日　下方南中　　　$-0.13''$
　　　　　4月21日　上方南中　　　-0.26
　　　　　4月25日　下方南中　　　-1.29
　　　　　4月27日　上方南中　　　-2.04
　　　　　4月28日　上方南中　　　-2.32
　　　　　4月29日　下方南中　　　-2.45
　　　　　5月1日　下方南中　　　-2.93
　　　　　5月1日　上方南中　　　-3.03
　　　　　5月2日　下方南中　　　-3.14
　　　　　5月8日　上方南中　　　-4.64
　　　　　5月9日　下方南中　　　-4.77

14

　計器のあらゆる結合部品にかかる重量の影響を考えて，望遠鏡の彎曲あるいは振分けられた子午環の面へ投影される光軸の位置の振分けに対する変化を，光軸の水平の位置については f, 垂直の位置については g で表わすことにし，この重力による彎曲は比例していると仮定する．(このことは全体の作用の中のきわめてわずかな量については問題はないものとみなせる.) そうすれば光軸の傾斜角が z の場合に，彎曲は $f\sin z + g\cos z$ で表わされる．そして視準誤差を e, 読み取られる天頂距離を z とすれば，真の天頂距離は

$$z - e + f\sin(z-e) + g\cos(z-e)$$

となることがわかる．もし望遠鏡が完全に対称であるならば，g は全く消えてしまうであろう．しかし人間の実際の作業は絶対に完全ということは考えられないし，さらに完全な対称性はすでに平衡のおもりでいくらか崩されているので，g の値として1秒の十分のいくつかの値を認めるのは決して無意味なことではないであろう．そして一旦1秒の十分の一あるいは百分の一についての計算が正確に導かれる可能性のある限り，彎曲の第2の部分の考慮を怠ることは理屈に合わないことになろう．

15

　直接あるいは反射によって測られた天頂距離の 90° に対する余角は，視準誤差についての天頂距離を与え，彎曲の第1の部分については無関係となる．したがってそれは単に彎曲の第2の部分のみを含んでおり，しかも子午環が東にあるか西にあるかによって逆の符号をもっている．明らかに天頂距離は光軸が水槽に当たる場所における垂線に関連している．これは北極星の二つの南中に対する気のつかないほどの差である 0.05″ だけ子午環の軸よりも北方にある．この組合せは1824年の観測が続けられている間中視準誤差が不変であると仮定するのを避けようとする限り，我々の目的に適っている．その確定の重みは，直接観測の回数を α, 反射観測の回数を β とおくとき $\dfrac{4\alpha\beta}{\alpha+\beta}$ となる．ただし観測誤差は純粋に偶然に左右され，互いに独立であるとみなすものとする．

16

いま

　　φ を水槽の場所の緯度

　　δ を 1820 年 5 月 13 日の下方南中における北極星の赤緯

　　δ' を 1824 年 4 月 20 日の上方南中における北極星の赤緯

とするとき，観測より我々は次の確定値を得る：

　　$\delta + \varphi - 0.756\,g$ として

　　　　1820 年 5 月 13 日……139° 52′ 38.40″　　重み　6.86

　　$\delta - \varphi + 0.800\,g$ として

　　　　1820 年 5 月 13 日……　36　49　　1.50　　重み　2.00

　　$\delta' + \varphi - 0.765\,g$ として

　　　　1824 年 4 月 21 日……139　54　　5.61　　重み　6.86

　　　　　　　4 月 25 日……139　54　　5.76　　　　　　6.86

　　　　　　　4 月 29 日……139　54　　6.36　　　　　　6.86

　　　　　　　5 月　1 日……139　54　　5.91　　　　　　6.86

　　$\delta' - \varphi + 0.800\,g$ として

　　　　1824 年 4 月 20 日……　36　50　31.15　　重み　2.67

　　　　　　　4 月 21 日……　36　50　30.29　　　　　　6.86

　　　　　　　4 月 27 日……　36　50　30.65　　　　　　6.86

　　　　　　　4 月 28 日……　36　50　30.73　　　　　　6.86

　　　　　　　5 月　1 日……　36　50　30.25　　　　　　6.86

　　$\delta' + \varphi + 0.765\,g$ として

　　　　1824 年 5 月　2 日……139　54　　6.71　　重み　6.86

　　　　　　　5 月　9 日……139　54　　6.15　　　　　　6.86

　　$\delta' - \varphi - 0.800\,g$ として

　　　　1824 年 5 月　8 日……　36　50　30.48　　重み　6.86．

したがって我々は 4 個の未知量 $\delta, \delta', \varphi, g$ を決定するために 6 個の方程式を得る：

$$\begin{aligned}
\delta + \varphi - 0.765g &= 139°\ 52'\ 38.40'' & \text{重み}\quad & 6.86 \\
\delta - \varphi + 0.800g &= 36\ \ 49\ \ \ 1.50 & & 2.00 \\
\delta' + \varphi - 0.765g &= 139\ \ 54\ \ \ 5.91 & & 27.43
\end{aligned}$$

$\delta'-\varphi+0.800g=$ 36　50　30.54　　重み　30.10
$\delta'+\varphi+0.765g=$139　54　6.43　　　　　13.71
$\delta'-\varphi-0.800g=$ 36　50　30.48　　　　　6.86.

これらから最小 2 乗法*）により次の値を得る：

$\delta\ =88°\ 20'\ 50.33''$
$\delta'=88\ \ 22\ \ 18.28$
$\varphi=51\ \ 31\ \ 47.90$
$g=\ \ \ \ \ \ \ \ \ +0.17.$

この際 φ の確定の重みは 60.8 となる.

観測の精密さとしての何らかの基準を設けるために，前の 6 個の方程式のもととなった 14 個の方程式において，これらの値を代入すると次の誤差が残る：

誤差	方程式の重み
$-0.31''$	6.86
$+1.07$	2.00
$+0.44$	6.86
-0.29	6.86
-0.31	6.86
$+0.14$	6.86
-0.63	2.67
$+0.23$	6.86
-0.13	6.86
-0.21	6.86
$+0.27$	6.86
-0.40	6.86
$+0.16$	6.86
$+0.23$	6.68.

これらの誤差の平方に重みをかけて加えれば 9.6184 となり，よって一つの観測の平均誤差の近似値は

$$\sqrt{\frac{9.6184}{10}}=0.981''$$

となる.

---

*) ここでは「観測の組合せ理論・補遺」における方法に従えばより便利である.

したがって緯度についての最終結果の平均誤差は，それが不規則に生ずる原因による限り

$$\frac{0.981''}{\sqrt{60.8}} = 0.126''$$

となる．

しかしすべての観測誤差が秩序なく互いに独立であるという仮定は完全には正しくないから，結果の不確かさはこれよりいくらかは大きくなければならない．すなわち一つの南中に対する同一種の観測に際し，又多くの日における同一種の南中に際し，ほとんど同じ読み取り結果が基礎になっている．そして副尺による読み取りに際しては，ほとんどいつも他の目盛りすなわち我々の方式においてはその不規則な分割誤差が観測の平均誤差 $0.981''$ の中に含まれてしまっているけれども，リンブスの別々の位置においてはある種の同等でない分断誤差が重視されるのが自然である．しかし，いずれにしてもこれらはきわめて小さい．1826 年に私は 4 個のすぐれた Repsold 顕微鏡で 30 個の目盛りを 12 度ずつきわめて綿密に検査した．この際それぞれの目盛りは修正された組合せで約 200 倍に調節された．その結果，なおいくらかの規則性を知ることができるならば，二つの相対する目盛り A と $A+180°$ についての誤差の平均が

$$-1.23''\cos(2A-28°28') - 0.22''\cos(4A-47°56')$$

によってできる限りの近似度で表現される．このとき残りの誤差は不規則なものとみなされる．そしてそれらの平方の平均の平方根は $0.32''$ である．私はこの検査を 2 倍の数の目盛りにふやして行ってみた．ただ，得られた結果の取るに足らないことについて，そのためにこの研究が大きな時間の消費をする必要はないであろう．これまでの観測についていつも見られるように，すべて 4 つの副尺が読み取られるならば，規則的な誤差の第一の部分 $-1.23''\cos(2A-28°28')$ はおのずから消えてしまうことに何の異論も要しない．これに対し，分割が単に相対する二つの場所で読み取られるならば，その部分は真の修正を含んでいる．現に私がいつもしているように副尺の代りに二つの Repsold 顕微鏡を用いることは，読み取りの精密さについて大きな利点がある．

17

$g=0$ と仮定するのがよい場合には，緯度が $0.07''$ だけ小さくなる．そしてこの確定の重みは 84.1 となる．さらに他の箇所で述べる観測値から上の g の

値が符号や近似的な量に応じて確かめられるようにみえるが，非常に微小な事柄について決定するにはまだ十分とは云えない．

係数fは，視準誤差が1824年の観測の間ずっと不変であると仮定しなければ，これまでの観測から決定することはできない．この仮定を認めるならば28個の方程式が得られ，それらから

$$\varphi = 51°\ 31'\ 47.89'' \quad 重み\ 60.9$$
$$f = \quad +0.76$$
$$g = \quad +0.23$$

を得る．さしあたって望遠鏡を天底点に調節することによって，それぞれの時間における視準誤差を位置を変えずにすばらしい精密さで決定することができるので[*]，私はこのことについてこれ以上詳しく調べることは保留する．

18

緯度について今後のより詳しい研究から修正量が得られるであろうが，それはたぶん$\frac{1}{2}$秒ほどもないであろう．そこでそのことは保留して，私は緯度を次のようにおく：

Göttingen では

　　北極星の観測の際の水槽の位置として……51° 31′ 47.90″
　　Reichenbach 式子午環の位置として ……　　　　　47.85
　　天頂儀の位置として……………………………　　　47.92
　　（これは天頂星の赤緯を修正するための基礎になる．）

Altona では

　　天頂儀の位置として……………………………53° 32′ 44.42″
　　子午環の位置として……………………………　　　45.27

19

Göttingen と Altona の天文台の三角測量の連携によれば，後者は前者より

$$224454.100\ m\ 北$$
$$14.054\ m\ 西$$

に位置している．この数は子午環の位置に関するものである．これらは三角形

---

[*] この貴重な手段は Bohnenberger が最初にその実行可能なことを示したが，私は2年前からずっと用いている．

の Hamburg-Hohenhorn の値 26977.697 m に基づいている．そしてこれは Schumacher 教授が Holstein で1820年に測定したものが基礎になっている．けれどもその際用いられた標尺を標準測量と比較することがなお**最終的に**完了していないので，上の距離は将来は基底自身と同じ割合で変更されるだろう．しかしその変更はいずれにせよきわめてわずかで済むだろう．したがって二つの天文台の間の平均の緯度は

$$111340.9\ m$$

となる．これは Frankreich と England において測られた緯度の平均値から予想されるものよりもはるかに大きな数値である．

20

　Hannover における緯度測定によって，地球の表面は完全に規則的な形をしていないことがこれ以上疑う余地のない事実であることを確認する新しい資料が提供される．この不規則性についてはすでにフランスとイギリスにおける緯度測定の際に変則が証明されたが，イタリアにおける多くの場所の緯度についてはさらに変則が強かった．Hannover における緯度測定の際には，とくに Göttingen と Altona の間の変則の他に Brocken に点在する三角点においてかなり強い変則が見つかった．

　いま，私の三角形がある楕円球の表面にのっているものとして計算する．その楕円球は Walbeck によって，これまでのすべての緯度測定をもとに容積が得られており，しかも現在の我々の知識によれば，それは**全体としては**実際の形に完全に合っているものとする．（楕円球の扁平率は $\frac{1}{302.78}$，地球の子午線の360分の1 $=111112.018\ m$），そして更に Göttingen の緯度として $51°\ 31'\ 47.85''$ が算出されているものとする．そのとき

　　　　　　　　Brocken の緯度 $=51°\ 48'\ \ 1.85''$
　　　　　　　　Altona 　　の緯度 $=53\ \ 32\ \ 50.79$

が見出される．

　天文観測では Altona の緯度を $5.52''$ **小さく**与えているが，von Zach 氏は Brocken で行った観測からこの点の緯度を $10''$ から $11''$ **大きく**与えている．[*]

---

[*] Monatl. Corresp. B.X, 203頁．約 $0.5''$ 南に位置するある場所で，この熟練した観測者は α Aquilae の188個の観測から三角点として $51°48'12.12''$ を得た．彼は太陽の観測から $51°48'11.17''$ を得た．

しかしこの差はいずれにしても計器のある小さな部分と，計算に用いられた赤緯のせいにすることができる程度のものである．Altona と Brocken の間の緯度の差を，地球が全体として最高にぴったり合っている扁平球の彎曲と比較することによって 16″ の偏差が得られる．

　我々の考えでは，そのような偏差の出現をいつも測鉛線の局部的偏向についてのみ論じたり，あるいはいわば例外とみなしてしまったりすれば，誤った観点からそれを眺めることになってしまうと思われる．我々が幾何学的な意味において地球の表面と名づけるものは，あらゆる点で重力の方向を垂直に切るものであり，大洋の表面がその一部を形づくっているものに他ならない．しかしながら各点における重力の方向は，地球の固定された部分の構造とその均等でない密度によって決定される．そして我々が何らかの知識をもつ地球の外殻において，この構造と密度がもっとも不規則であることが明らかになっている．密度の不規則性は時には外殻の下に相当深くまで及んでいることもあり，そのためにほとんどすべての資料が不足して計算をまったく制限してしまうこともある．幾何学的な表面はこれら不均一に散らばっている要素の総体的作用の結果であり，現れた疑いのない不規則性の証拠を好ましくないと感じるよりも，それがより以上に大きくないことを喜ぶべきであろう．天文観測が現在よりも 10 倍もあるいは 100 倍も大きな精密さを有するならば，この不規則性は疑いもなくいたるところで証明されるであろう．

　しかしこの状態で実際の(幾何学上の)表面は，いたるところである場所ではより強く，ある場所では弱く，ある場所では短くまたある場所では長く起伏している違いはあるけれども，地球が全体として回転楕円体とみなされることについては何も妨げになるものはない．地球全体を**一つの三角測量の網**で覆うことができるとし，かつすべての点の相互の位置をそれによって算出することができるとすれば，垂線の方向が天文観測と可能な限りよく一致するような回転楕円体が得られるであろう．この到達不可能な理想からはかなり距りはあるけれども，今後の一世紀において地球の形についての数学的知識は非常に多くなり，一層幅広くなることは疑いのないことである．しかしもともと緯度測定のくり返しからは，単に離れ離れになっている線上に置かれている点を表わす小さな数が，個々の結果として現われるにすぎない．けれども入念な方法で異なった土地に施された三角測量の操作が結びつき，**一つの大きな系として完全に**なればどれほど大きな利益が得られることであろう．もしかすると，将来ヨー

ロッパのすべての天文台が三角測量で互いに結びつくことも夢ではないかも知れない。というのも，これまでは単に部分的に公表されているだけではあるが，すでに現在でもそのような結びつきは Schottland から Adria 海までと，Formentera から Fühnen まで存在しているからである．この最後のことについては，これまでよりももっと多く実行され，注目して欲しいものである．そして科学の世界に所属するべき貴重な資料が見捨てられたりあるいは消滅の危険にさらされることのないように願いたい！

21

なお天頂儀観測から得られる星の赤緯を，すでに得られている古い確定値と比べることによって興味のある結果が得られる．我々の43個の星のうち27個は Piazzi のカタログに，そして13個はBessel の Bradley カタログにのっている．ここで Bessel の歳差運動の新しい決定に従って修正された我々の決定(1827)を，Bradley (1755) と Piazzi (1800) のものと比較すると次のようになる．正の符号は我々の決定よりも北の位置であることを意味している．

	記 号	Bradley.	Piazzi.		記 号	Bradley.	Piazzi.
1	24 Canum	+ 0.2″	+ 1.1″	17	P. 15. 39	—	− 0.7″
2	83 Usae	− 1.5	− 2.0	25	θ Draconis	+23.5″	+ 8.6
3	η Ursae	− 2.4	− 2.3	27	P. 16. 33	—	− 2.6
4	86 Ursae	− 5.4	− 0.8	28	P. 16. 56	—	− 2.6
6	P. 13. 289	—	− 1.3	32	16 Draconis	+ 1.2	− 3.7
7	13 Bootis	+ 1.4	+ 2.4	36	P. 16. 253	—	− 2.1
8	χ Bootis sq.	− 2.9	− 2.2	37	P. 16. 291	—	+10.3
9	P. 14. 56	—	− 0.4	38	P. 16. 310	—	− 4.9
10	θ Bootis	−30.6	−10.8	39	P. 17. 20	—	− 3.0
11	P. 14. 131	—	+ 7.4	40	P. 17. 38	—	− 2.9
12	P. 14. 164	—	+ 0.1	41	74 Herculis	+ 1.7	+ 0.7
13	39 Bootismed.	+ 4.8	+ 2.7	42	P. 17. 120	—	− 2.1
14	P. 14. 235	—	− 5.0	43	β Draconis	− 0.5	− 1.5
15	44 Bootismed.	+ 1.9	+ 1.1				

4 Seeberg 天文台の緯度決定

Göttingen と Altona における私の観測と同じ時期に，Gotha の近くの

Seeberg 天文台の台長である Hansen 氏も私のすすめに従って同じ星をそこにある Ertel 式双脚子午環で観測した．それによって得られたこの天文台と Göttingen の天文台の緯度から，より高度の興味ある結果が得られた．それは前者が，陸軍中将 von Müffling 氏の指揮のもとに測られた若干の三角形によって，Hannover の三角形の系と結びつけられているという事情によっている．

子午環は観測の間に数回方向を変えられた．ただ視準誤差はこれとは無関係に，毎日そしてたいていは日に2度ずつ天底点に合わせることによって決定された．これはすでに上で触れた方法で，Hansen 氏が1826年の秋に当地の天

1	東	5	$-1°$ 1′ 53.14″	50°56′ 4.76″	16	東	5	$-1°42′19.87″$	50°56′6.55″
	西	4	52.80	4.42		西	5	17.05	3.73
2	東	5	$+4$ 37 29.41	5.57	17	東	5	$+0$ 38 48.22	5.50
	西	6	30.86	4.12		西	5	48.79	4.93
3	東	5	-0 45 19.00	5.20	18	東	5	$+1$ 38 59.63	6.24
	西	7	17.70	3.90		西	6	61.51	4.36
4	東	6	$+3$ 38 50.38	5.17	19	西	2	$+3$ 41 30.38	4.49
	西	6	51.05	4.50	20	東	1	$+3$ 33 50.19	4.11
5	東	6	$+4$ 29 54.35	4.87		西	1	47.87	6.43
	西	6	54.30	4.92	21	東	1	$+1$ 58 31.74	5.35
6	東	6	-4 20 26.87	6.01		西	1	32.90	4.19
	西	4	25.92	5.06	22	東	1	-4 39 61.37	6.07
7	東	6	-0 39 22.12	5.56		西	1	58.90	3.60
	西	4	20.70	4.14	23	東	1	$+5$ 24 21.09	5.91
8	東	5	$+1$ 40 1.41	6.06		西	1	22.88	4.12
	西	4	3.24	4.23	24	西	1	-0 33 26.54	5.95
9	東	5	$+5$ 17 29.69	6.82	25	西	1	$+8$ 5 40.64	6.50
	西	4	33.72	2.79	26	西	1	-0 17 51.91	5.03
10	東	5	$+1$ 43 6.51	5.54	27	西	1	-4 35 46.53	3.57
	西	5	8.63	3.42	28	西	1	$+2$ 44 9.48	3.93
11	東	5	$+2$ 43 27.76	5.26	29	西	1	$+1$ 31 5.78	5.28
	西	4	28.89	4.13	30	西	2	$+4$ 40 0.22	4.51
12	東	5	$+2$ 2 48.89	6.77	31	西	1	-4 57 58.28	4.13
	西	3	50.29	5.37	32	西	1	$+2$ 18 59.76	3.88
13	東	5	-1 29 56.73	6.19	33	西	1	-0 39 51.61	5.28
	西	5	56.64	6.10	34	西	1	$+6$ 9 34.85	2.94
14	東	5	-0 35 42.51	5.00	35	西	1	-3 59 15.56	4.09
	西	3	42.84	5.33	36	西	2	-4 6 42.83	4.84
15	東	5	-2 36 14.46	6.93	37	西	1	$+6$ 0 36.97	5.38
	西	4	12.88	5.35	38	西	1	-1 53 16.75	3.84

文台で実際にはじめて知ったものである．読み取りは副尺でなくて顕微鏡でなされた．前頁の一覧表はこの観測の主なる結果を含んでいる．最初の欄は星の記号を表わし，2番目は子午環の向きを，3番目は観測の数を，4番目は1827年の始めに私が補正した天頂距離を(正の数で北を)，5番目は前述の152〜153頁で示されている赤緯から得られる緯度を表わしている．

ところで緯度についての60個の結果に対する信頼性は同等ではない．けれどもそれらに添えられている重みを示すためには，本質的な平均観測誤差と平均分割誤差の割合いを知らなくてはならない．この割合を $1:\sqrt{\Theta}$ とすれば，赤緯に付随するわずかな不確かさを無視するとき

$$\frac{n}{1+n\Theta}$$

は同じ目盛りに関連する n 個の観測に基づく決定の重みである．

この重みの代りにただ単に n をとれば，206個の観測についての平均は

$$50°\ 56'\ 5.16''$$

となる．

やがて何回かの観測の結果，分割誤差はRamsden式天頂儀によるものと比較してかなり大きくなければならないことがわかり，一方本質的な観測誤差はむしろいくらか小さくてもよいことがわかった．したがって，この方式において多くの観測に基づく決定は，わずか一つか二つの観測が基礎になっているものよりもはるかに好ましいものである．

しかし分割誤差の影響を考慮しようとする場合には，同時に，その度毎の視準誤差の決定が，その際用いられる目盛りの誤差に関する定数部分を含んでいることを注意する必要がある．そして子午環が東にあるか西にあるかに従って，それは緯度について反対の意味の影響を与えることは明らかである．したがってそれぞれの子午環の位置に関係する観測を振り分けて，各々の決定についての重み $\frac{n}{1+n\Theta}$ を適用し，それらの系列ごとに平均を計算し，最後にこれら二つの平均について単純に相加平均をとらなければならない．

Θ について確定しているものはないので，これらの計算を三つの仮定 $\Theta=0$,

	$\Theta=0$	$\Theta=1$	$\Theta=\infty$
子午環東 子午環西	50° 56′ 5.75″ 4.62	50° 56′ 5.69″ 4.65	50° 56′ 5.71″ 4.65
緯　　度	50° 56′ 5.18″	50° 56′ 5.17″	50° 56′ 5.18″

$\theta=1$, $\theta=\infty$ について行うならば，それらから前頁のように緯度が得られる．

したがって厳密な理論を用いても最初の結果はほとんど変らないことがわかり，数値 $50°56'5.17''$ が得られる．

これらの計算において望遠鏡の彎曲はまだ考慮されていない．Hansen 氏はこれを水平に対して $1.00''$ としたが，それも観測された天頂距離から引くべきものである．これは我々の記号に従うと $f=-1.00''$ となる．この彎曲を考慮する際に天頂の北で子午線を通過する星についての緯度は大きくなり，南で子午線を通過する星については小さくなる．そして前者はいくらかまさっているので，平均の結果は $0.02''$ だけ大きくなる．彎曲の第2の部分あるいは水平の状態における彎曲は，ここに現われる天頂距離がすべて小さいので視準誤差の一定変化とみなすことができる．したがって我々の方式においては，決定の際にそれについて話題となった目盛りの分割誤差とまったく同様におのずから除外される．

したがって我々はこの観測における緯度の確定値として

$$50°\ 56'\ 5.19''$$

を得る．

前に述べた地球回転楕円体の広がりに従って計算された両方の天文台の三角測量の連携から，緯度の差

$$35'\ 41.86''$$

が得られ，したがって前に決定した Göttingen の緯度と共に Seeberg の天文台の緯度

$$50°\ 56'\ 5.99''$$

が得られる．

これは三角点，すなわち子午儀の軸の中心に関するものである．子午環の軸の中心は $2.276\,m$ あるいは弧にして $0.07''$ 南に位置している．したがって後者の緯度は Göttingen からの三角測量の連携より

$$50°\ 56'\ 5.92''$$

となる．これは天文観測の数値より $0.73''$ 多い．

さらに経度の差として三角測量の連携から弧で $47'9.20''$ あるいは時間で3分8.61秒が得られるが，これは我々が天文観測から得たものと非常によく一致する．最後に前者の測定から三角形の辺 Seeberg—南子午線標識の方位角が，Schwabhausen の近くで $4.6''$ 西であることがわかる．これも同様にかなりの

数の中間点や Preußen の測量におけるいくつかの角の記載の中に現われる差異，そして三角点が正確に子午線上にあるかどうかの不確かさにもかかわらず，すぐれた決定とみなすことができる値である．

訳者あとがき

　いまから約 200 年前の 1777 年に，ドイツの Braunschweig に生まれた C.F. Gauss は，1955 年に没するまでに，数学をはじめ，天文学，測地学，電磁気学等の分野で，それぞれ驚異的な業績を残した．その膨大な研究成果の大部分は Gauss 全集に収められ，いまもなお各種研究の基礎に息づいている．

　この訳書は，Gauss 全集の中から，誤差論と最小 2 乗法に関する論文を集めたものである．この企画は，すでに遠く 1856 年に，フランスの J.Bertrand によってなされ，主としてラテン語で書かれた Gauss の著作が，フランス語に翻訳され出版された．その後，1887 年にドイツの A.Börsch および P.Simon によって，ほぼ同じ内容が "Abhandlungen zur Methode der kleinsten Quadrate" という書名でドイツ語に翻訳出版された．

　本訳書の内容の選択と配列も主としてこれらに従い，随時原典から補充した．この配列は必ずしも Gauss が発表した年代順によらず，「観測の組合せ理論」およびその「補遺」が最初に置いてある．この理由は，Gauss 自身，最初は「天体運動論」の中で与えた最小 2 乗法の基礎づけを，これら二つの論文に集成したからである．第Ⅳ章以下は最小 2 乗法の応用であるが，内容が私たち訳者にとっては未知のことも多く，できる限りの努力にもかかわらず不備な箇所が多々あると思われる．今後読者各位から御教示を賜れば幸いである．

　この訳書を編成するに当り，なるべく原典を忠実に再現するように心掛けたが，見易さのために，ところどころ節の番号をつけかえた箇所がある．そこで，本訳書と原典との対照，および発表された年をここに示しておくと同時に，その点についての補足をしておく．

本　訳　書		発表年	全　　集	
Ⅰ	誤差を最小にする観測の組合せ理論　第 1 部	1821年	第 4 巻	1〜26頁
	同　上　第 2 部	1823	同　上	27〜53
Ⅱ	誤差を最小にする観測の組合せ理論・補遺	1826	同　上	54〜93

本訳書		発表年	全集	
III	円錐曲線で太陽のまわりを回る天体の運動理論	1809年	第7巻	236〜257 頁
IV	Pallas の軌道要素についての研究	1810	第6巻	1〜 24
V	観測の精密さの決定	1816	第4巻	109〜117
VI	確率計算の実用的幾何の問題への応用	1823	第9巻	231〜237
VII	クロノメーターによる経度の決定	1826	第6巻	455〜459
VIII	Ramsden 式天頂儀による観測から Göttingen と Altona の天文台の間の緯度差を決定すること	1828	第9巻	5〜 55

　この中で「III　天体の運動理論」は全集第7巻に収められているものの中の第2篇第3章の部分で——多くの観測結果にもっともよく合う軌道の決定——はこの章の副題である．そして，全集ではこの章は172節から始まり189節に終っている．したがって，本訳書の1節は原書の172節に相当し，以下順に節が対応し，18節は原書の189節に相当する．本文中に現れる「天体運動論」の章や節は，とくに断りのない限り原典の番号を指す．また「IV　Pallas の軌道要素についての研究」では，原書の4節から8節までを省略したため，本訳書の4節から10節までは，原書の9節から15節までに相当する．

　注については，一，二の例外を除き訳注はつけず，ほとんど全集に記されているものである．注のうち補記と記したものは，Gauss 自身が手書きで加えたといわれるものである．

　この訳書に収められている内容は，数学のみならず，天文学，測地学等広範囲な分野を含み，これらに不馴れな訳者にとっては各方面から協力を得なければならなかった．とくに，天文観測に関する知識と用語については，東京天文台安田春雄先生をはじめ所員の方々に教えを乞い，また「天文・宇宙の辞典 (53年)」，「現代天文学事典 (46年)」あるいは「天体の軌道計算 (51年)」(以上恒星社) 等も参考にさせていただいた．さらに翻訳については同僚の方々が助言をお寄せ下さり，また Bielefeld 大学の L.Streit 教授にも御授助をいただいた．これらの方々に厚くお礼を申し上げたい．最後に，この訳書の出版に当り，紀伊國屋書店の水野寛氏には細部にわたりお世話をいただき，ここに深く感謝の意を表する次第である．

　　昭和56年1月　　　　　　　　　　　　　　　　　　　　訳　　者

著　者	訳　者
Carl Friedrich Gauss	飛田武幸（ひだたけゆき）

Carl Friedrich Gauss
1777年ドイツ・ブラウンシュヴァイク市生まれ。1799年ヘルムシュテット大学の学位を受ける。1807年からゲッチンゲン天文台長。数学者、天文学者、物理学者。1855年逝去。

飛田武幸（ひだたけゆき）
1927年愛知県生まれ。1952年名古屋大学理学部数学科卒業。名古屋大学教授、名城大学教授を歴任、2017年逝去。著書に『ブラウン運動』（岩波書店）、『確率論の基礎と発展』（共立出版）、『ホワイトノイズ』（丸善出版）、共著に『ガウス過程』（紀伊國屋書店）など。

石川耕春（いしかわたかはる）
1932年愛知県生まれ。1954年愛知学芸大学数学科卒業。元愛知県立岡崎高等学校講師。

誤差論
───────────────
1981年5月30日　第1刷発行
2021年5月25日　第3刷発行

発行所　株式会社　紀伊國屋書店
東京都新宿区新宿 3-17-7
出版部（編集）電話 03(6910)0508
ホール部・セール部（営業）電話 03(6910)0519
東京都目黒区下目黒 3-7-10
郵便番号　153-8504

Translation Copyright © Takeyuki Hida,
Takaharu Ishikawa, 1981
978-4-314-01082-5　C0041
Printed in Japan
定価は外装に表示してあります

印刷・製本　デジタルパブリッシングサービス